前言

FOREWORD

党的二十大报告中提出“加强教材建设和管理”。“职教二十条”中提出校企“双元”合作开发的国家规划教材，倡导使用新型活页式、工作手册式教材并配套开发信息化资源。教育部在加快推进现代职业教育体系建设改革重点任务中，将开展职业教育优质教材建设单列为重点建设项目，教材建设要深化产教融合、协同育人，科学严谨、内容丰富、形态多样、反映行业前沿技术，鼓励行业牵头或行业、企业、学校等共同开发。该教材正是基于以上的教材开发理念编撰而成。

产品创意设计是产品艺术设计专业的核心主干课程。本教材作为配套新形态立体化教材，与国家级工业设计中心如四川科瑞达电子技术股份有限公司，以及四川省省级工业设计中心如四川九州电子科技股份有限公司、全友家私有限公司等企业联合开发。教材编撰理念突出了校企合作、产教融合、项目制教学、设计任务驱动，特色鲜明，模块化结构可选择性强，立体化资源能满足不同的教学需求。本教材注重学生的中心地位，强调在做中学、学中做的职业教学理念。通过校内教师和企业导师的共同指导，学生能够在实践中掌握理论知识，提高解决实际问题的能力。

产品创意设计的设计流程包含项目调研、项目创意分析、产品设计方向分析、头脑风暴、产品创意方案草图表现、方案评审、产品二维效果图表达、三维数字创意建模表达、设计展示、模型制作、试用测试等全过程。产品设计包含产品的功能创新设计、结构创新设计、造型创新设计、材料创新设计、颜色创新设计、表面工艺创新设计、包装创新设计、运输与安装创新设计、人机交互创新设计、维修与清洁创新设计、产品循环回收再利用等全生命周期的设计内容。本教材在编制时选择从产品创新设计的关键点切入，即以设计任务和设计案例为点。通过以点带面的方式，逐步展开整个产品创意设计的内容。

根据科瑞达设计中心和九州设计中心的实际产品设计流程，结合高校教学中提炼出的产品设计十大典型任务，并共同编制设计流程、设计任务及设计评价标准等，包含从项目调研到项目汇报的全过程，并对企业实际设计案例进行了详细说明。

模块 1 为产品设计概述，简述了产品设计的基本概念、构成要素及产品分类、产品创意设计方法等内容。模块 2 为产品创意设计实践，以企业设计师的工作流程为课程教学内容，以产品设计十大典型任务为课程教学任务，注重岗位实际设计能力的培养，每项设计任务有具体的任务要求、实施要点、案例分析等内容。将企业案例和优秀的学生案例进行了分享，并在拓展学习中分享了著名产品设计师、国内部分优秀设计公司及金点奖优秀获奖作品。在评价与总结小节中提供了教师（企业设计师）评分表、学生互评表、学生总结表，在使用教材时可以根据实际情况综合使用。模块 3 为全友家居设计实践项目，其基本流程、设计任务与模块 2 相同，只是选题主题不同，方便不同院校结合实际教学进度及资源情况灵活选用。

本教材作为新形态教材，配套了很多教学资源，可以通过扫描二维码获取，也可以搜索绵阳职业技术学院产品艺术设计专业教学资源库获取本教材的在线课程资源，模块 3 的内容可以配套中国大学 MOOC（慕课）在线课程“家具造型设计”使用，该课程是与全友家居校企共建。

韩尧

2023 年 9 月 13 日

高等职业教育艺术设计新形态系列教材

产品创意设计

CHANPIN CHUANGYI SHEJI

韩 尧 牟 云 罗小燕 主 编
罗 京 刘 翔 刘红英 庞力源 副主编

西南大学出版社
SWUP
国家一级出版社 全国百佳图书出版单位

图书在版编目（CIP）数据

产品创意设计 / 韩尧，牟云，罗小燕主编 . -- 重庆 ：西南大学出版社，2024. 8. -- ISBN 978-7-5697-2416-5

Ⅰ. TB472

中国国家版本馆 CIP 数据核字第 2024EJ9665 号

高等职业教育艺术设计新形态系列教材

产品创意设计

CHANPIN CHUANGYI SHEJI

韩　尧　牟　云　罗小燕　主　编

罗　京　刘　翔　刘红英　庞力源　副主编

总 策 划：龚明星

执行策划：袁　理

责任编辑：袁　理

责任校对：鲁妍妍

装帧设计：沈　悦　何　璐

排　　版：夏　洁

出版发行：西南大学出版社（原西南师范大学出版社）

地　　址：重庆市北碚区天生路2号

本社网址：http://www.xdcbs.com

网上书店：https://xnsfdxcbs.tmall.com

印　　刷：重庆紫石东南印务有限公司

成品尺寸：210 mm × 285 mm

印　　张：7.5

字　　数：268千字

版　　次：2024年8月 第1版

印　　次：2024年8月 第1次印刷

书　　号：ISBN 978-7-5697-2416-5

定　　价：65.00 元

目录

CONTENTS

二维码资源目录

二维码资源目录

序号	码号	资源内容	所在章节	所在页码
1	码2-1	路由器调研报告	模块2	P016
2	码2-2	车载香薰分析	模块2	P016
3	码2-3	腰上救生圈设计分析报告	模块2	P036
4	码2-4	星舰——汽车挂钩	模块2	P040
5	码2-5	“极净”——洪灾后清洁设备	模块2	P044
6	码2-6	“智援”——智能消防救援气囊	模块2	P044
7	码2-7	搜救奇兵	模块2	P068
8	码2-8	著名产品设计师介绍	模块2	P069
9	码2-9	国内优秀设计公司介绍	模块2	P069
10	码2-10	优秀学生作品	模块2	P069
11	码3-1	“仕女”梳妆凳	模块3	P083
12	码3-2	拐椅	模块3	P083
13	码3-3	家居椅	模块3	P084
14	码3-4	露滴系列家具	模块3	P084
15	码3-5	名画系列家具	模块3	P084

推荐学时分配

推荐学时分配

<table>
<tr><th>课程模块</th><th>课程内容</th><th>课时安排</th></tr>
<tr><td rowspan="4">模块1
产品设计概述</td><td>1.1产品设计基本概念</td><td rowspan="4">4课时</td></tr>
<tr><td>1.2产品设计构成要素</td></tr>
<tr><td>1.3产品分类</td></tr>
<tr><td>1.4产品创新设计方法</td></tr>
<tr><td rowspan="8">模块2
产品创意设计实践</td><td>2.1学习目标</td><td rowspan="8">92课时
（模块2与模块3任选一项）</td></tr>
<tr><td>2.2教学要求和方法</td></tr>
<tr><td>2.3项目任务</td></tr>
<tr><td>2.4任务实施</td></tr>
<tr><td>2.5设计案例——企业案例</td></tr>
<tr><td>2.6设计案例——学生案例</td></tr>
<tr><td>2.7拓展学习</td></tr>
<tr><td>2.8项目评价与总结</td></tr>
<tr><td rowspan="5">模块3
全友家居设计实践</td><td>3.1学习目标</td><td rowspan="5">92课时
（模块2与模块3任选一项）</td></tr>
<tr><td>3.2教学要求和方法</td></tr>
<tr><td>3.3项目任务</td></tr>
<tr><td>3.4项目实施</td></tr>
<tr><td>3.5项目评价与总结</td></tr>
</table>

模块 1

产品设计概述

1.1 产品设计基本概念

设计是一种创造性的活动，只要是人有目的的活动都叫设计。如原始人类打制石器、切削树木是设计；计划晚餐的菜谱、整理房间也是设计；人们在做一项工作之前，为了达到某种目的，预先做好规划、制订方案、绘制图例，这也是设计。

古往今来，学者们对创意的认识不同。所做的定义也各不相同。美国心理学家罗伯特·斯腾伯格(Robert J. Sternberg)认为，创意是生产作品的能力，这些作品既新颖（具有原创性，是不可预期的），又恰当（符合用途，适合目标所给予的限制）。建筑学者库地奇（John Kurdich）认为：创意是一种挣扎，寻求并解放我们的内在。赖声川先生说："创意是看到新的可能，再将这些可能性组合成作品的过程。"这些定义都说明了创意包含三个主要方面：一是创意是内在的活动，是内在的感受、内心的释放、现实生活映像的重组，是想象；二是这种内在活动需要后续呈现；三是创意必须是新颖且有用的。

产品创意设计是人们为了满足某种更高一级的需要（精神上、审美上、功能上）或获得更好的使用体验而进行的有目的、有针对性的设计活动。

1.2 产品设计构成要素

产品存在的基本条件或系统的组成要素为功能、消费者、物质技术条件、造型形态、市场，这五者相互联系、相互作用。其中矛盾的主要方面在功能上，功能是目的，消费者是产品服务的对象，物质技术条件是基础，造型形态是手段，市场是保证，由此构成了系统与要素的对立统一。产品设计的基本要素是构成一个成功产品的重要组成因素，它们是设计师考虑问题的着眼点和出发点，成功的设计就是各要素之间协调与综合的产物。（图 1–1）

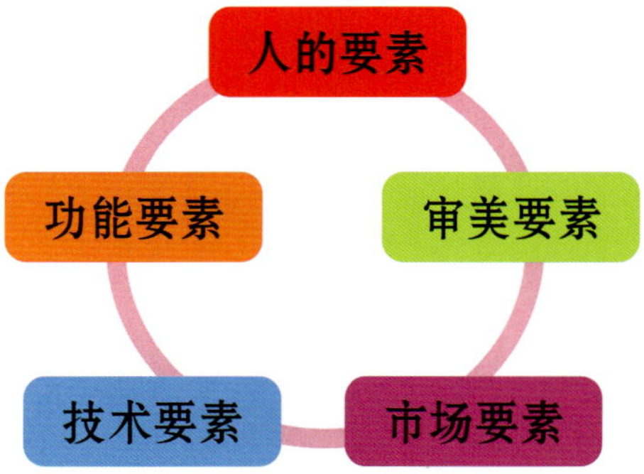

图 1-1 产品设计要素

1.2.1 人的要素

人是产品最终服务的对象，是产品设计的核心，因此，在产品创意设计中，人们的生活和文化背景，人与环境之间的关系，人在使用产品过程中的行为方式、心理反应等都是产品创意的依据。所以产品创意设计必须对服务对象的年龄、性别、性格、生理、心理、爱好、家庭背景、社会环境等进行调研分析。

1.2.2 功能要素

产品是供人消费使用的，人对产品提供的功能有需求才会去购买，因此功能是第一位的，在设计中居于主导地位。但如果只重视功能而无视外观造型，必将产生机械的功能主义弊病；如果只讲求外在的形式表现而忽视功能，必将造成虚伪的形式主义。功能与形式须互为表里，密切结合。

产品的功能主要包括物质功能和精神功能两方面。物质功能一般指产品的使用功能、环境功能和生理功能；精神功能包括产品的社会功能、象征功能和美学功能。（图 1–2）

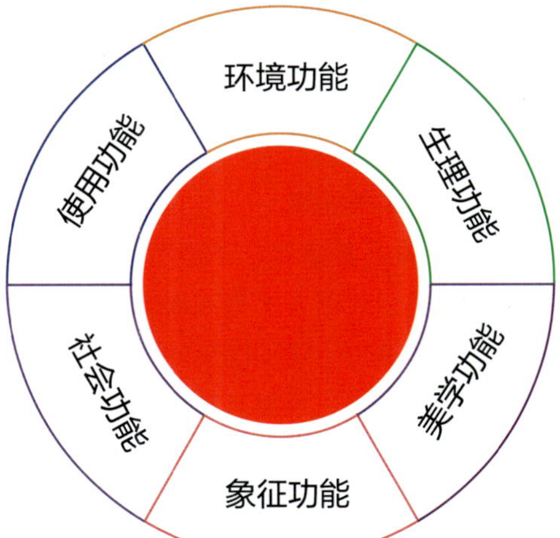

图 1-2 产品设计的功能要素

使用功能是产品形态构成中的重要因素。产品存在的目的是供消费者使用，在进行产品设计时不仅要考虑产品功能实现的结构因素，还要考虑消费者使用时的操作习惯。因此，产品设计时要处理好产品、生产商和消费者的关系，使产品更安全、舒适地为消费者服务。

环境功能是指产品对人及放置产品的场所的影响，周围环境条件对人和产品所发生的作用，其中物理要素是环境功能的主体。例如在产品设计中要考虑室内外使用环境对产品的影响，同时还要考虑产品的噪声、毒性污染等对环境的影响，以及产品回收处理、材料再利用等要求。

生理功能是指产品构成形态与使用上的舒适度及应用功能等条件的发挥。产品是为人所使用的，因此，我们在设计时须考虑人体工程学的要求。具体来说，产品设计时需要考虑人的因素，如人体尺寸、形态、动作习惯、心理需求等多个方面。设计出符合生理要求的产品，以实现安全、舒适、方便等多重效果。

社会功能是指产品对社会或社会环境所产生的作用。其功能受民族、文化、时代等多种因素的影响。如某产品在整个国民经济或区域经济发展中的战略地位，产品的文化、民族特点及对弘扬民族文化所起的作用，产品的可持续发展，产品在企业或集团中的形象作用等。

象征功能即满足消费者的不同家庭背景、年龄特征、性别、性格及社会各阶层的成年人因教育、职业、经济、消费、居住及使用产品的条件等的差别，形成的一定消费层次的功能。消费层次有高有低，因此设计师在产品设计的过程中需通过深入的调查和分析，真正了解和掌握各消费层次的消费者的不同心理特征和社会价值观念，恰当地运用设计语言和象征功能，创造出象征人们个性诉求的产品，以满足不同层次消费者对产品的心理需求。

美学功能是指产品的精神属性，它是产品外部形态通过人们视觉感受所产生的一种心理反应，也被称为审美功能，在当今社会对于产品设计来说是至关重要的。随着社会的发展和物质文明的进步，人们越来越注重产品的美学功能。此外，由于产品使用者在社会背景、文化背景、职业身份、年龄层次、性别特征、个人爱好及志趣等多方面的差异，必然形成了在产品审美上的差异。因此，在设计产品时，即使是具有同一功能的产品，也要求在形态上的多样化。设计师应利用产品的特有形态来表达出产品独特的审美特征。

1.2.3 审美要素

爱美之心人皆有之，从人类对美的需求和当今产品市场的激烈竞争来看，设计中的审美要素已具相当重要的地位。产品形态是产品造型设计的最终体现，对产品形态的研究要考虑审美要素，通过产品形态，能使消费者了解到产品的具体内容，如产品的使用功能、使用对象、操作方式、使用环境及美学文化价值等。

构成产品形态的元素很多，这些元素都是借助产品的功能、材料、结构、技术和美学等要素综合体现出来的。过去把产品形态仅仅看作美学在产品上的反映，这是片面的。美学并非孤立于产品功能、物质技术条件之外的元素，而是与它们紧密相连、相辅相成的。

人们的审美随着社会、经济的发展而不断变化，产品造型设计需要不断进行创新来体现产品的审美要素，其包括产品功能、结构、材料、工艺、使用方式等方面的创新。对产品而言，功能的开发或体现要实行对某些材料或结构的选定。一种新材料的选用，往往能引发某种新的产品结构形式的形成，而新材料、新结构又会以其科学、合理的物理特性和精神特性，形成其独有的美学形式，并通过恰当的比例、和谐的色彩等构成特有形式，使产品的功能更加强大。因此，对上述要素进行综合的、科学合理的创新运用，必定会给产品形态的创新注入新的活力，使其具有更高的审美价值。

产品可以通过优化外观造型设计，以符合人们的审美需求，这样既可以激发人们的购买欲望，提高市场占有率，也可以提高产品的附加值。

1.2.4 技术要素

技术要素主要指产品生产技术、加工工艺和表面处理手段等。再好的方案，离开可行的生产技术和加工手段也是天方夜谭。技术要素是将设计构想变为产品实体的关键因素，它在产品造型的实现过程中既起到了制约作用，又提供了强大的推动力。尽管形态与构造并不总是天然吻合的，但在造型设计过程中设计师必须巧妙地将它们合二为一，才能实现产品的整体美感和功能性。

产品结构也受材料和工艺的制约，不同材料与加工工艺所实现的结构方式也不同，因此材料工艺技术是造型设计的物质基础。产品的造型美是通过形、色、质三个核心要素来体现的，而这三个要素又紧密地依附于材料和工艺技术，并通过材料和工艺技术得以展现。

丹麦设计家克林特说：“选择正确的材料，采用正确的方法去处理材料，才能塑造逼真的美。”通过利用现代工业技术提供的条件，充分发挥材料和加工技术的优势，可以增加产品造型的自由度和完整性，并给产品带来多样化的风格与情趣。

在今天，科学技术飞速发展，生产技术与加工工艺日新月异，因此设计师必须关注新技术的发展动向，使设计的产品在符合生产可行性的前提下，更具科学性和先进性。

1.2.5 市场要素

产品设计最重要的特点之一，就是它对市场竞争的积极作用。因为设计的产品最终要走向千家万户，所以在激烈竞争的国内外市场上，设计师必须胸有成竹，并系统地对市场营销、策划、产品开发战略及市场定位、消费行为与趋势进行综合研究，才能在市场竞争中占有优势。市场是企业的生命线，而市场竞争说到底是设计的竞争，市场竞争呼唤设计，同样设计也离不开市场，市场要素是产品设计得以展开与实施的重要保证。

1.3 产品分类

产品根据不同的用途、材料、人群使用环境等有不同的分类方式。以下根据用途分为实用性产品、情感性产品和象征性产品。

1.3.1 实用性产品

实用性产品是指在我们实际生产生活中能够直接应用并发挥实际功能的产品。设计的重点在于功能的实用和优化，外观造型要适用于内部结构，因此这类产品的外观造型偏于理性简单的几何化造型，如机械设备、办公家具、家电产品等。

1.3.2 情感性产品

情感性产品通过其独特的设计、功能、操作行为，以及产品本身所散发的气质，使用户对产品产生某种认知。这类产品可抓住用户的注意力，让其有情感上的波动从而诱发情绪反应，并在用户心目中形成独特的定位。因此，情感性产品除了要具备一定的实用功能外，还要更加注重外在的形象和个性化。如儿童仿生产品、国潮文创产品等。

1.3.3 象征性产品

象征性产品强调精神的象征性，消费者以拥有它而感到自豪和满足，他人也会对产品的主人在身份、社会地位、经济地位等方面产生某种认同和肯定。如各种奢侈品、超豪华的生活用品等。

1.4 产品创新设计方法

1.4.1 仿生设计法

仿生设计是在进行设计时，通过选择性地对自然界事物的形、色、音、功能、结构等进行提炼、概括和处理，为产品创新设计提供新的思想、原理、方法和途径。其研究范围非常广泛，研究内容丰富多彩，根据研究内容的不同，仿生设计分为形态仿生、功能仿生、结构仿生和色彩肌理仿生。（图 1–3 至图 1–11）

1. 形态仿生设计是在对生物体（如动物、植物、微生物）和自然界物质存在（如日、月、风、云、山、川、雷、电等）的外部形态认知的基础上，通过相应的艺术处理手法将事物的形态应用于产品设计之中。

2. 功能仿生设计是一个富有创造性和前瞻性的设计领域，它专注于从生物体和自然界物质存在中提取功能原理，并将这些原理应用于工程技术和产品设计中，以优化现有系统或开发出全新的技术产品。如科学家模仿苍蝇的复眼结构，设计出的新型摄像机，一次能够拍摄上千张照片，并且具有极快的拍摄速度和广阔的视野范围。

3. 结构仿生设计主要研究生物体和自然界物质存在的内部结构原理，并将其应用于产品设计和建筑设计。研究最多的是植物的茎、叶，以及动物形体、肌肉、骨骼等结构。

4. 色彩肌理仿生是模拟事物的表面色彩和肌理而进行创作，将其应用到产品中，使产品具有自然事物的色彩和质感。市场上模仿的鳄鱼皮、蛇皮制作的箱包产品畅销，产品昂贵且不可多得，利用仿生技法和表面镀饰工艺可使产品酷如天然、物美价廉。

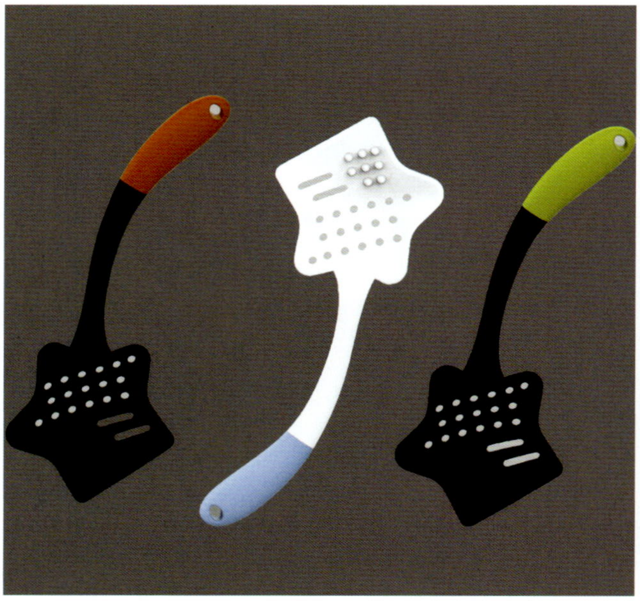

图 1–3 锅铲（2000 级 张慧萍）

图 1–4 玉米酒瓶（2000 级 张新元）

图 1-5 椅子（2022 级 邱添）

图 1-6 张飞咖啡杯（2021 级 李美霖）

图 1-7 蜗牛灯具（2016 级 苏广、钟雷）

图 1-8 屏风（2020 级 刘雨嘉）

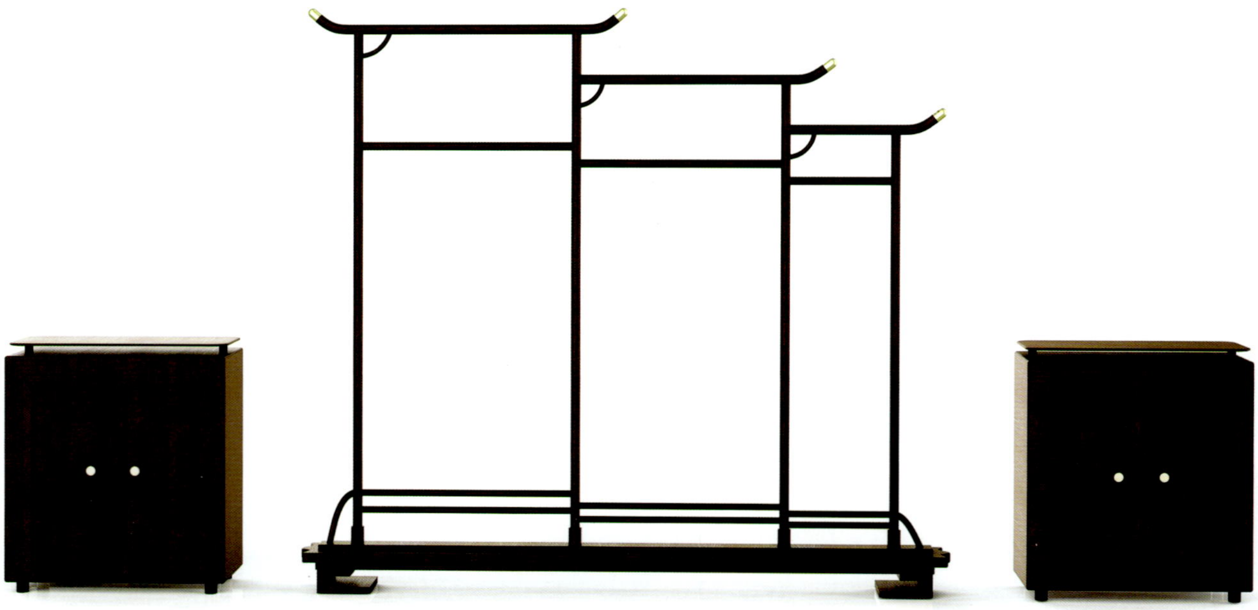

图 1-9 衣帽架（2018 级 蔡小雪）

图 1-10 山水加湿器（2022 级 王政许）

图 1-11 文房四宝（2020 级 刘思）

1.4.2 列举法

列举法是针对某一具体事物的特定内容进行分析并将其一一罗列出来，以激发创新思维的一种创新技法。常用的列举法有缺点列举法和希望点列举法。

缺点列举法就是设计人员、销售人员及用户根据现有产品（即物品原型），列举出产品在功能、造型、材质、结构和环境适应性等方面的不足之处，并对其进行改进的一种设计方法。

而希望点列举法则是从个人或他人的意愿出发，提出各种新希望、需求和设想来创新的设计方法。它不受现有设计的束缚，是一种更为积极、主动的创造技法。

列举法参考的问题点一般有生产加工技术、尺寸精度、组装方式、缝隙、成型时产生的边缘或毛刺、材料、安全性、操作性、趣味性、重量、形态、大小、色彩、便携性、人体工学、使用时对环境的要求、再利用等。

1.4.3 检核表法

检核表法是美国创造学家奥斯本提出的一种创造技法。这种技法几乎适用于任何类型和场合的创造活动，因此也被称为“创造技法之母”。该法在解决设计问题时，会将问题制成一览表，再对每一项目逐项进行检查，以避免要点的遗漏，从而系统地激发创新思维。

检核表法通常对以下问题进行检核：

1. 是否有改变的可能？稍改动现产品是否有新的用途？改变顺序、要素、因果关系、步骤、基准会怎样？

2. 能否利用其他方面的经验和设想？以前有类似的东西可以借鉴、模仿吗？

3. 扩大、添加成分会怎样？高点、长点、厚点会怎样？

4. 缩小、去掉一些成分会怎样？低点、短点、薄点、小点、轻点、分解会怎样？

5. 能否将产品变动、组合、改变运动方式？能代用吗？有其他制造方法吗？

6. 反过来、上下倒置、反向运动、改变转向会怎样？

7. 能分解吗？分解后每一部分有什么作用？分解后可以组合吗？

8. 能否将功能、目标、设想、部件、材料等重新组合？

图 1-12 的竹君摆件作品每一层都可拆分并重新排序，极富灵活性和可玩性。它每面山的设计都有变化，有的采用镂空设计，营造出朦胧的构成效果；有的采用竹编形式，赋予了更加质朴、自然的气息。每面山的空隙间可以置物，如便签、纸张等，且中间的竹编处可以放置人物照片、风景照片等，再通过外层的镂空看过去，影影绰绰、朦朦胧胧的景象别有一番风味。

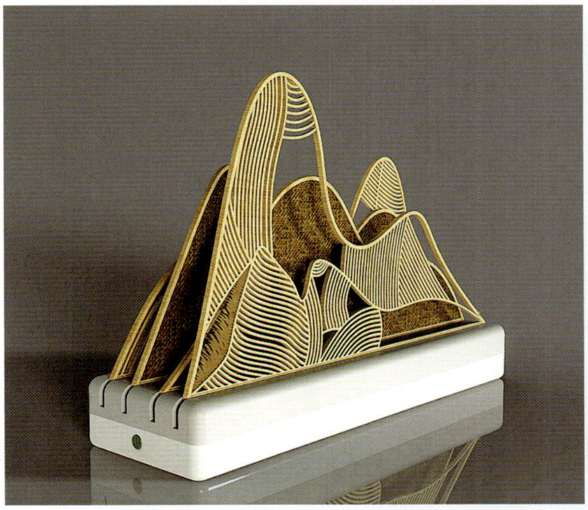
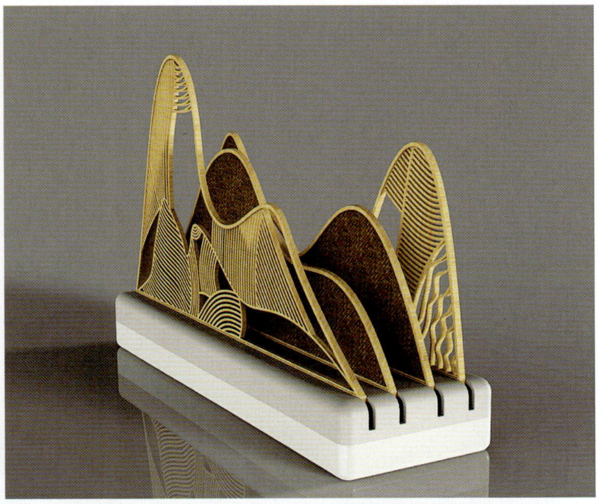

图 1-12 竹君摆件（2020 级 张馨元）

1.4.4 分合法

分合法是把思考对象加以分解或合并，以产生新思路、新方案的一种思维方式。例如，人们将面条和汤料分离，发明了方便面；将衣袖与衣身分解，设计了背心、马夹；将计算机与机床合并，设计了数控机床……分合的类型有很多，主要有性能分合、原理分合、功能分合、结构分合、模块分合。

如图 1-13 的趣玩铅笔设计作品，其针对小朋友在铅笔芯用尽时，尾部常被丢弃造成的资源浪费问题，结合科学原理（如齿轮的运作原理），设计了可拆卸变换的“灯笼”造型尾部。其尾部可作为独立的玩具部件继续使用，并且可通过多种组合方式创造出新的玩具形态，极大地延长了产品的使用寿命，这样的设计不仅可培养小朋友的环保意识，还可锻炼小朋友的逻辑思维能力和手眼协调能力，从而也可实现“玩中学、学中玩”的教育目标。

图 1-13 趣玩铅笔（2021 级 赵佳能）

模块 2

产品创意设计实践

CHANPIN CHUANGYI SHEJI 产品创意设计

本模块以产品创意设计实践为主题，通过典型任务流程来培养学生的职业岗位核心能力、创新能力及团队协作能力。

2.1 学习目标

2.1.1 知识目标

1. 掌握产品设计基本概念；
2. 掌握产品设计流程和方法；
3. 掌握常用的产品创新设计方法。

2.1.2 技能目标

1. 根据设计主题进行设计调研和设计分析；
2. 创意设计方案构思与草图表现；
3. 根据设计要求进行设计方案评议与方案优化修改；
4. 多轮方案的评议与方案修改；
5. 方案模型制作与方案评估；
6. 应用设计软件进行方案建模和方案渲染表现；
7. 多轮方案的建模、渲染评议与修改；
8. 制作方案汇报书、展板及成果汇报。

2.1.3 能力目标

1. 在工作团队中进行协作和整合；
2. 专注利落地进行各项工作和活动；
3. 独立分析和思考问题并提出解决方案；
4. 严谨的科学态度和创新思维；
5. 良好的口头表达和职业素养。

2.2 教学要求和方法

课程理论部分采用多媒体集中授课方式，实践教学部分采取分组研讨、实操等方式，合理利用网络课程平台进行线上线下混合式教学，并适时结合企业现场教学及名师讲座开展课程教学和实践。

在教学中多采用案例教学，案例尽量新颖，紧跟设计潮流和设计趋势，因材施教，多种教学手段结合，设计作品符合市场和用户需求，且具有创新性。

2.3 项目任务

产品设计模块内容由国家级工业设计中心——四川科瑞达电子技术股份有限公司与四川省省级工业设计中心——四川九州电子科技股份有限公司合作共同开发编撰，共同编制设计流程、设计任务及设计要求等，并结合企业实际案例进行说明。

2.3.1 设计任务

根据现代生活环境进行产品设计，产品类型可自主选择。在确定好选题后，根据产品设计典型任务流程，即调研与分析、产品策划、概念构思、方案评议与修改、手绘方案效果图、方案草模制作、建模与修改、效果图制作、产品展示、汇报与评价十大典型任务，进而完成整个设计项目。

2.3.2 任务目标

任务目标须符合国家产业政策及有关技术、标准等规定，符合低碳、绿色、环保设计理念；在功能、结构、技术、形态、材料、工艺、节能、环保、人机交互等方面有较大创新；作品应考虑设计方案的可行性。

图 2-1 是根据科瑞达设计中心和九州设计中心的实际产品设计流程结合高校教学提炼的产品设计十大典型任务流程，具体包含了项目调研到项目汇报的全过程。该课程主要以该任务流程为核心开展设计教学实践，并对科瑞达、九州的企业实际设计案例进行了详细说明。

产品设计典型任务流程

01 调研与分析
1.1 项目资料收集与调研
1.2 调研资料分析
1.3 调研报告制作

02 产品策划
2.1 产品分析　2.2 需求定位
2.3 功能设计　2.4 技术设计

03 概念构思
3.1 方案创意构思
3.2 方案手绘表现

04 方案评议与修改
4.1 方案评议
4.2 方案修改
4.3 多轮方案评议与修改

05 手绘方案效果图
5.1 最终方案完善与修改
5.2 最终方案效果图手绘表达

06 方案草模制作
6.1 方案草模制作
6.2 方案模型评估
6.3 方案调整与修改

07 建模与修改
7.1 方案三维数字建模
7.2 多轮建模评议与修改

08 效果图制作
8.1 方案渲染表现
8.2 效果图评议与修改

09 产品展示
9.1 产品报告PPT制作
9.2 产品展板制作
9.3 其他展示内容制作

10 汇报与评价
10.1 演讲汇报
10.2 项目评价

图 2-1 产品设计典型任务流程

2.4 任务实施

2.4.1 任务 1：调研与分析

1. 项目资料收集与调研；
2. 调研资料分析；
3. 完成调研报告 PPT 制作。

调研与分析的实施要点

（1）调研的主要内容

调研分析主要培养学生从国家政策、市场行业动态、品牌及产品详细信息等方面自主收集、自主分析、自主整理资料的能力；培养学生通过资料发掘信息和洞察市场机会的能力；让学生通过调研分析快速了解和熟悉某个产品领域和行业，为后期的设计打下基础。

调研的主要内容有该产品行业的国家政策、市场容量、产品基本信息（例如定义、分类、功能、结构、造型、材料、人机尺寸、国标、配色等）、产品发展历史、现有产品主要技术和技术趋势、行业品牌（品牌分析、市场占有率分析、各个品牌代表性产品）、市场竞争情况、主要竞争对手（竞争对手分析、品牌分析、市场占有率分析、竞争产品特点分析、价格等）、典型产品分析、产品附加功能、产品形象（产品表面工艺、产品材料、颜色、造型风格、结构等）、产品设计趋势和潮流趋势（行业或产品的发展趋势、新的技术等）、产品标准、法规和知识产权等。通过系统的产品研究分析，了解市场行情，准确把握发展趋势，洞察用户的真实需求。

（2）常用调研方法

桌面研究法：不是对一手资料进行实地调研和采集，而是直接通过书籍、期刊文章、行业报告、政府文件、公司年报、市场研究报告、互联网数据（如社交媒体分析、在线数据库等）等多种类型的资料进行深入的分析和研究的方法，通常也可以称为案面研究法或二手资料研究法。

问卷调研法：也称为问卷调查法，是研究者根据桌面研究法的大概方向和数据，进行访谈问卷及定量问卷的设计，再通过向受访者发放问卷来收集数据和信息的研究方法。问卷调研法可以根据需要采用纸质问卷调研或利用在线问卷平台（如问卷星、腾讯问卷等）进行。

实地访谈法，即面对面访谈及产品使用全流程拍摄，是一种深入了解目标用户、产品使用情况、用户体验及收集宝贵反馈的重要研究方法。

（3）实施案例

该案例是为四川九州电子科技股份有限公司进行路由器设计而完成的，从政策、市场、行业、品牌、典型产品、产品详细信息、技术趋势、设计趋势、技术法规等各个方面进行深入的全面调研和分析，详细报告请扫码 2-1 查看。

2.4.2 任务 2：产品策划

1. 设计分析：产品分析、用户分析、产品使用环境分析、人机交互分析；
2. 需求定位：明确产品要解决的问题；
3. 功能设计：明确产品的主要功能和附加功能；
4. 技术设计：明确产品功能依托的主要的技术手段；
5. 根据以上信息和要求进行产品设计方向分析；
6. 整合全部产品策划内容，制作输出 PPT 文件。

码 2-1 路由器调研报告

码 2-2 车载香薰分析

产品策划的实施要点

（1）设计分析内容

设计分析主要指产品分析、用户分析、产品使用环境分析、人机交互分析。当我们在设计产品时，可能会遇到自己没有见过或者未使用过的产品，所以在设计之前的调研和分析就十分重要，我们要先了解我们设计的产品对象才能进行设计。

产品分析的主要内容有产品定义、分类、功能、结构、造型、材料、人机尺寸、国标、配色、安装、搬运、回收等。不同的产品类型分析的内容有所不同，具体根据产品的实际情况灵活处理。

用户分析的主要内容有年龄、性别、地域、学历、家庭状况、婚姻状况、子女、财富等级、消费档次、信用、价格敏感性、偏好属性、游览频次、浏览品类、浏览价格带、下单频次、下单品类、下单价格带等内容。

产品使用环境分析主要分析产品在实际使用过程中的具体环境，在设计产品时要考虑不同使用环境中的不同因素，具体环境需要具体分析。

人机交互分析主要分析用户在真实环境中使用产品的全过程，并通过详细的交互分析发现用户使用产品的具体问题，为后面的设计提供方向。

产品设计方向分析是在完成了以上的设计分析后，提出了设计需要解决的问题，并对之前的设计分析进行综合整理，提炼整理有价值的设计方向，并为后面的方案构思指明方向。

（2）实施案例——《归鹿》汽车香薰设计

该作品提取汽车香薰关键词“香”“车”“动”“祝福寓意”，使用思维导图进行概念联想，提取创意构思关键词，通过“动”联想到“动物”，再联想到“鹿”，然后通过“祝福寓意”联想到“一路顺风”，再将“鹿”与“一路顺风”联合进行创意方案构思。调研分析鹿的相关形态、习性，如盘卧的鹿、跳跃的鹿、飞奔的鹿、低头吃草的鹿、仰头的鹿等，经过多次讨论最终选取奔跑的鹿的形态做概念方案的核心造型形态，同时将“一路顺风”中的“顺风”也经过设计手法巧妙融入进去，将鹿的后半身设计成先密后疏的蝴蝶和线条形态，表现风的效果。（图 2-2 至图 2-7）

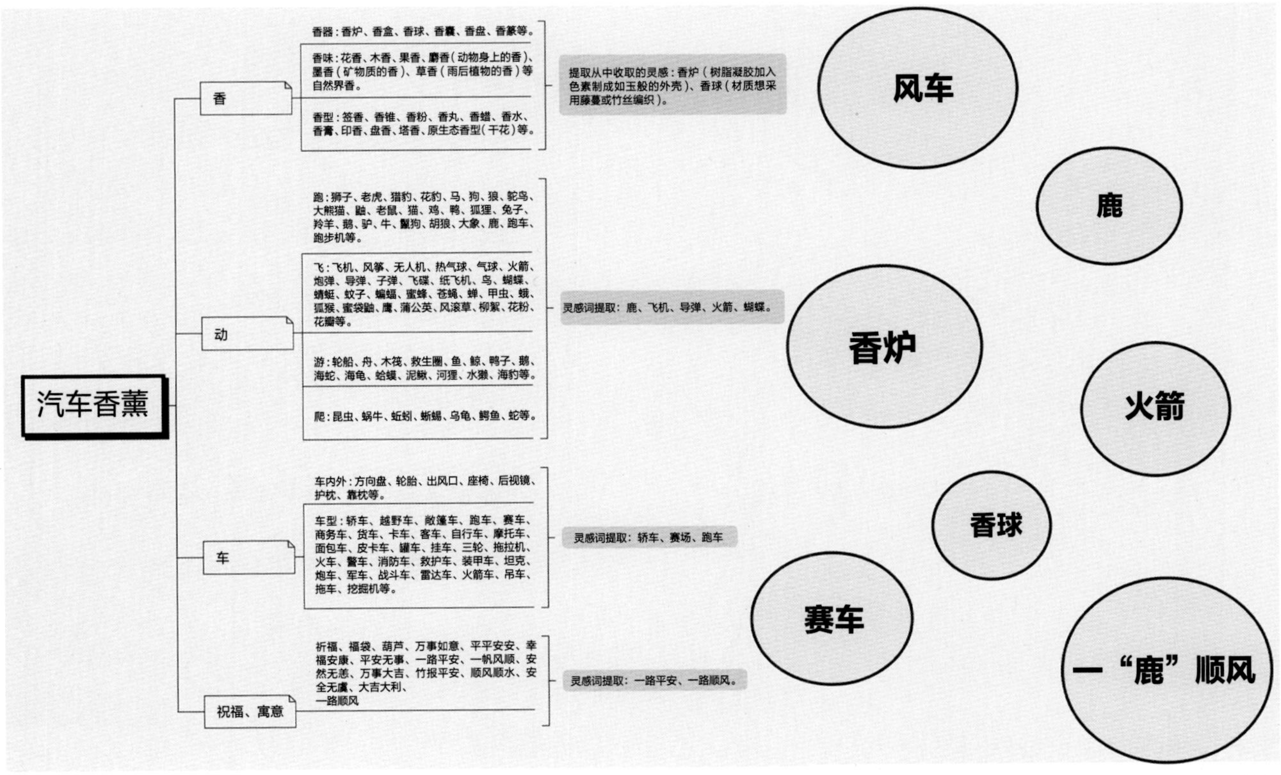

图 2-2 头脑风暴与设计方向分析（2020 级 蒲艺）

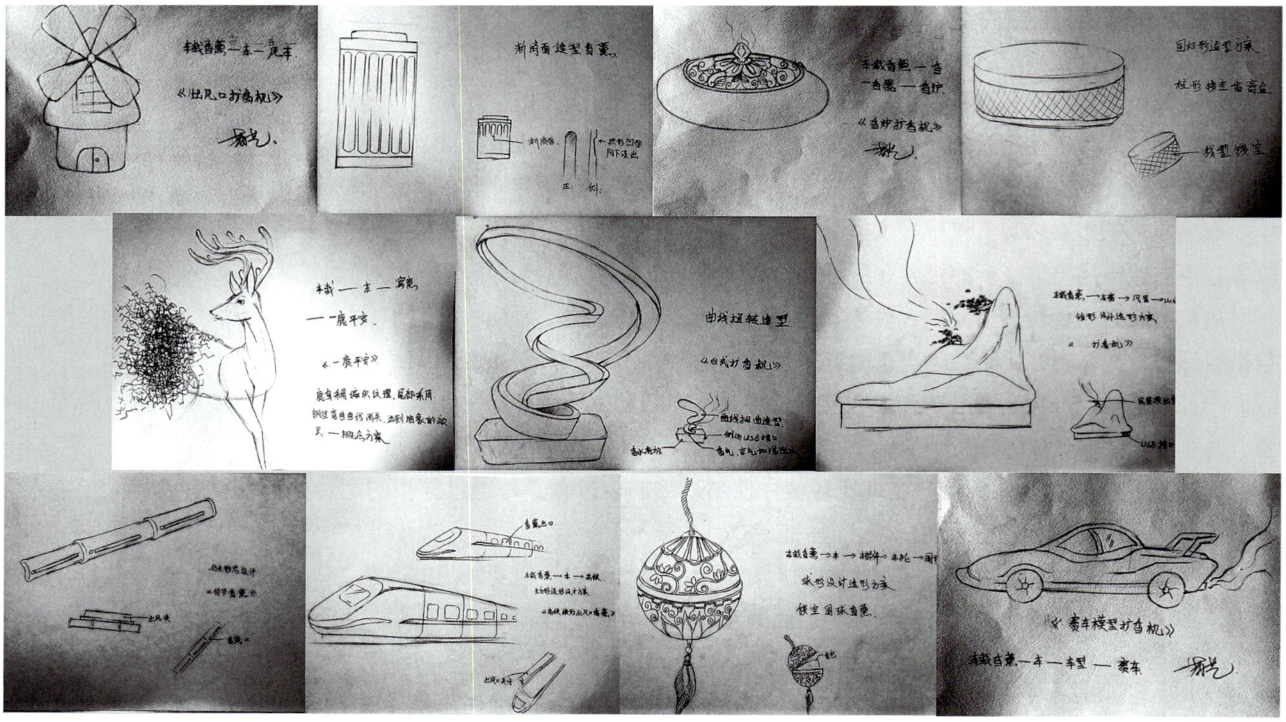

图 2-3 方案草图表达（2020 级 蒲艺）

图 2-4 最终方案草图（2020 级 蒲艺）

图 2-5 方案效果图（2020 级 蒲艺）

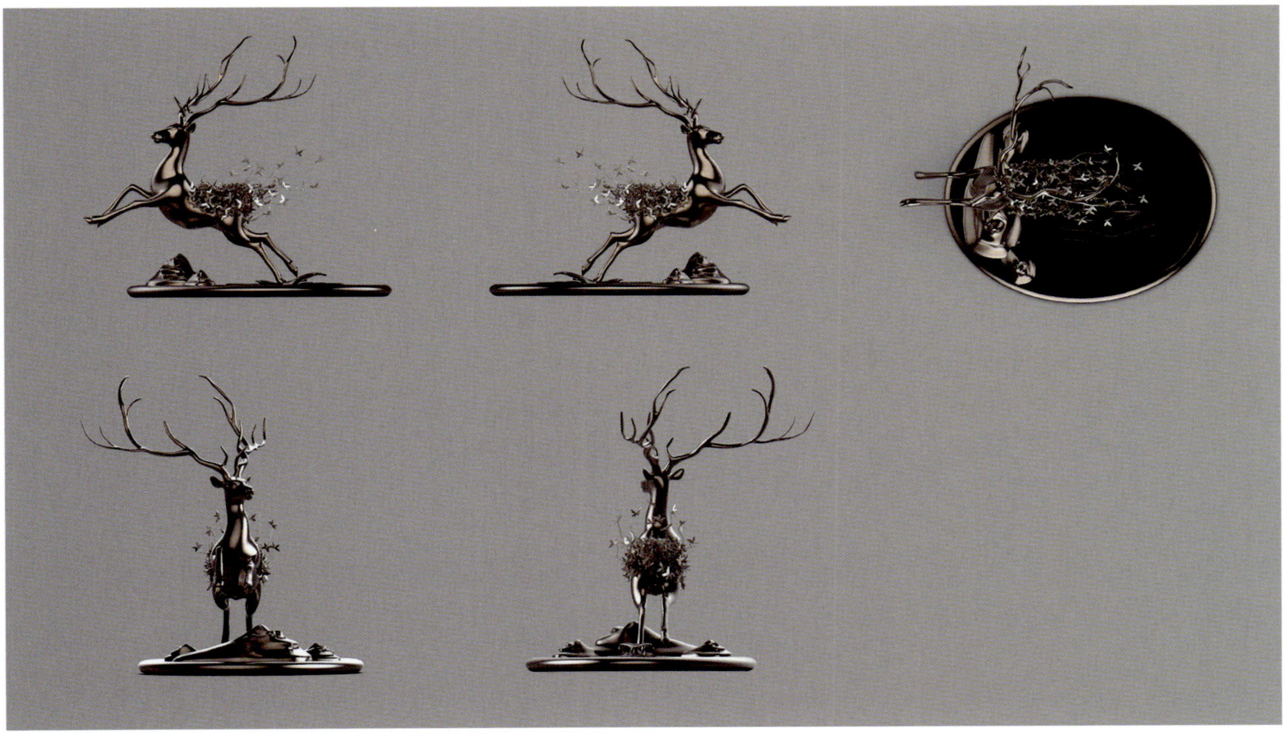

图 2-6 五视图（2020 级 蒲艺）

图 2-7 应用场景图（2020 级 蒲艺）

2.4.3 任务 3：创意构思与草图表现

1. 结合创意设计方法进行方案构思；
2. 根据产品策划内容完成 30 个以上的草图表达。

创意构思与草图表现的实施要点

（1）创意构思设计策略

产品创意设计的本质是发现问题、解决问题的过程。产品创意设计的核心就是设计者发现用户的真实问题，洞察用户的需求，提出解决方案，并完成产品设计。

①借鉴创意设计并进行再设计

收集创意设计作品，学习与思考作品的核心创意，要解决的问题及如何解决问题，然后再模仿和借鉴，思考不同人群、行业、产品等是否有类似的问题，这种解决问题的方式是否可以借鉴到其他产品设计之中。（图 2-8）

小提示

可以收集获得德国 iF 设计概念奖、德国 reddot 概念设计奖、中国台湾金点奖近五年设计概念奖获奖的作品，然后对其进行分析、借鉴和创意构思。

图 2-8 榫卯铅笔设计（刘翔指导学生作品）

②为不同人群、不同场景设计解决问题的产品（表 2–1）

表 2–1 创意设计策略与方案构思

1. 从自己及亲人的生活经验出发发现问题、构思方案	方案 1	方案 2	方案 3	方案 4
2. 从弱势群体的角度出发发现问题、构思方案	方案 1	方案 2	方案 3	方案 4
3. 从不同工种角度出发发现问题、构思方案	方案 1	方案 2	方案 3	方案 4
4. 从不同工作场景和环境出发发现问题、构思方案	方案 1	方案 2	方案 3	方案 4
5. 为生命而设计：医疗、急救、救援设备设施等，火灾、水灾、干旱、虫灾、疫情、饥荒、干净饮水等	方案 1	方案 2	方案 3	方案 4
6. 公共设施改良：公交站、医院、公园、餐厅、超市、交通工具等	方案 1	方案 2	方案 3	方案 4

（2）实施案例——笔柄牙刷设计

该作品将牙刷刷柄做成签字笔笔杆，不仅延长了牙刷刷柄的使用生命周期，增加了材料的使用时长，还有利于环境保护，是一件绿色设计作品。（图 2–9）

（3）实施案例——“水管家具”设计

该作品遵从循环利用的绿色设计理念，将失去使用价值的废弃水管做了循环再利用，最终完成了这一组水管家具设计作品。（图 2–10、图 2–11）

图 2-9 笔柄牙刷设计（2015 级 王玉宝）

图 2-10 “水管家具”设计 1（2020 级 赵家能）

图 2-11 “水管家具”设计 2（2020 级 赵家能）

（4）实施案例——挤压式抽纸盒

该作品的创意主要借鉴了包装设计中的伸缩方式，将其应用到了日常生活中的抽纸盒中。（图 2−12、图 2−13）

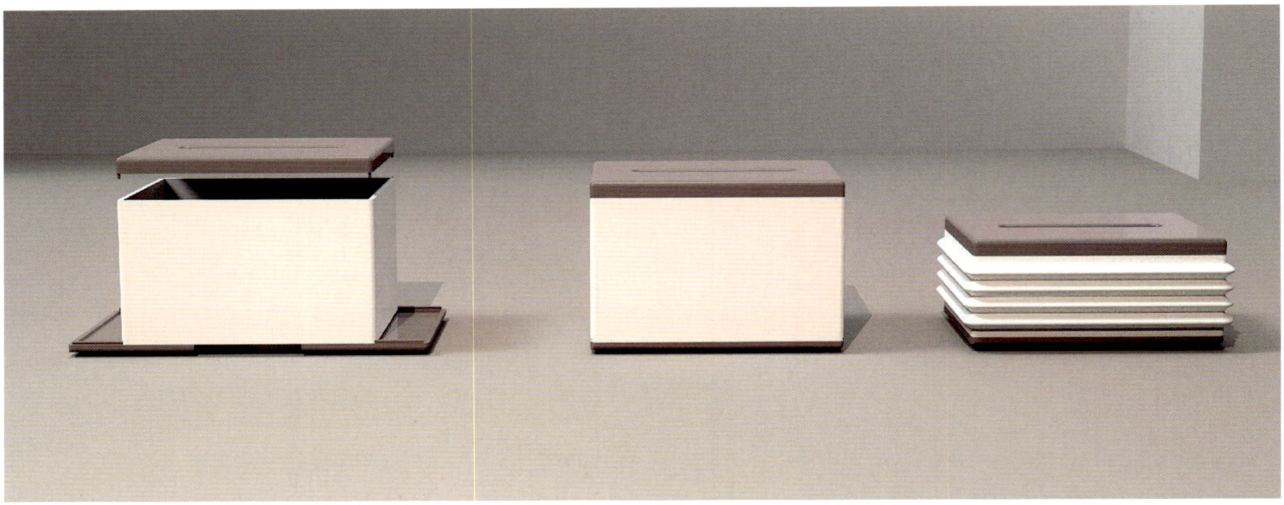

图 2-12 挤压式抽纸盒 1（2020 级 刘冬琼）

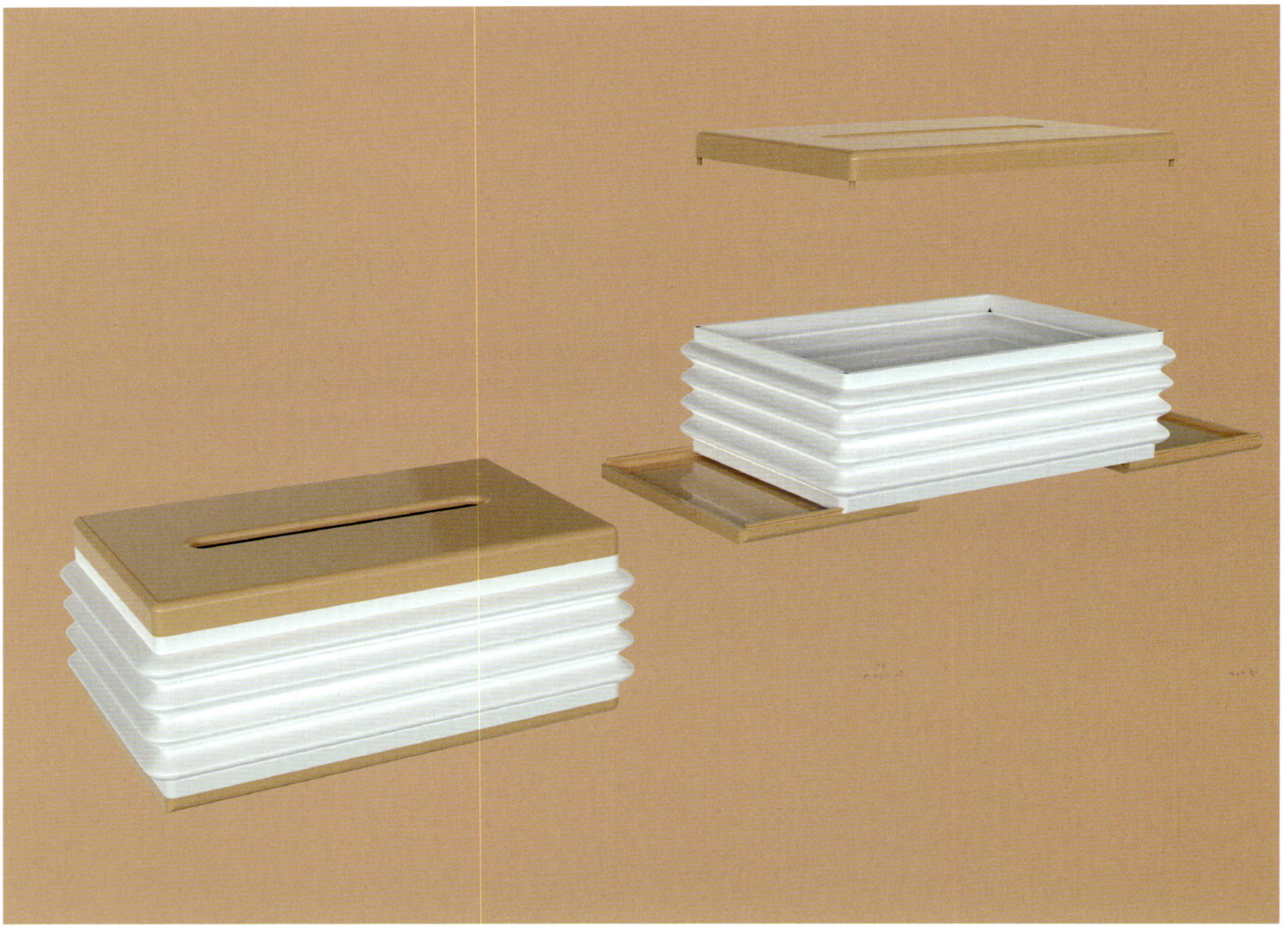

图 2-13 挤压式抽纸盒 2（2020 级 刘冬琼）

（5）实施案例——凹凸调色盘

该作品以一种新的方式解决了调色盘清洗难的问题。（图 2-14、图 2-15）

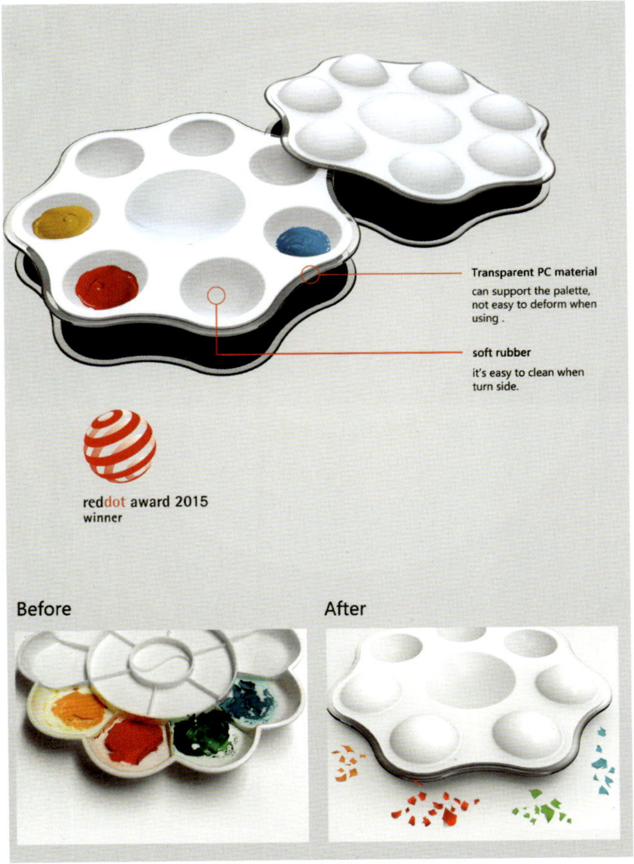

图 2-14 凹凸调色盘 1（刘翔设计作品）

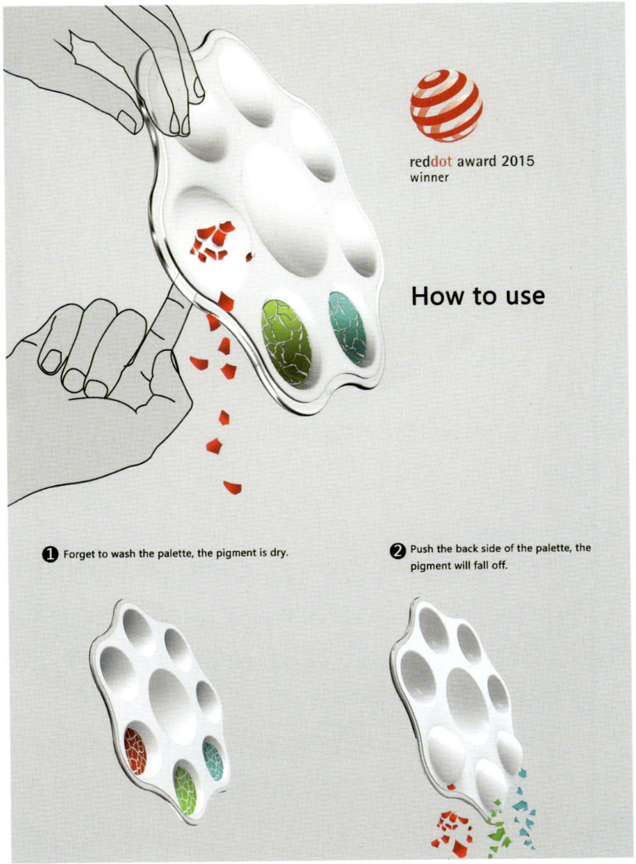

图 2-15 凹凸调色盘 2（刘翔设计作品）

（6）实施案例——救援飞毯

该作品作为一款专为拯救生命而设计的创新救援设备，将无人机技术的灵活性与传统救援工具的安全性完美结合，为火灾及高空事故的救援工作提供了全新的解决方案。救援飞毯配备先进的信号接收系统，能够迅速响应火灾报警或手动求救信号，确保第一时间抵达事故现场。整体设计由一个中心控制单元和四个可独立操作的网状部件组成。在接近受困者时，中心控制单元控制各部件自动分离并展开成一张巨大的网状结构，实现精准救援。（图 2-16、图 2-17）

图 2-16 救援飞毯 1（刘翔设计团队作品）

图 2-17 救援飞毯 2（刘翔设计团队作品）

图 2-18 公交车顶逃生窗口改良设计 1（2020 级 李美霖）

图 2-19 公交车顶逃生窗口改良设计 2（2020 级 李美霖）

（7）实施案例——公交车顶逃生窗口改良设计

该作品是一件公共设施改良设计，主要针对现有公交车逃生窗口没有梯子，不方便上下的问题，将梯子以隐藏的方式设计在逃生窗口内，以方便使用。（图 2-18、图 2-19）

产品创意设计方法

产品创意设计方法有很多，诸如模仿借鉴、仿生、几何造型设计等，然而在现代实际设计中，很多教材和课堂上的方法不太实用。通过与九州、科瑞达资深工业设计师的详细沟通，本书总结和提炼了三种在实际设计工作中使用的产品创意设计方法。

（1）根据产品的功效或用途提炼设计元素

市面上大多数路由器的设计都会有直线、曲线等设计元素。这是因为路由器主要进行数据的存储、分组转发处理并传递信息，提取主要功能的关键词“信息传递、电磁波传播”，再通过“波的传播”提炼出直线、曲线等设计元素。传播与水面涟漪散开意境相符，所以在一些造型上有类似水波纹的元素出现。

九州电子科技设计的黑洞路由器将黑洞元素应用到产品外观设计上，体现了产品的未来感和科技感。（图 2-20）

图 2-20 黑洞路由器

（2）以与产品直接相关的要素作为设计元素

案例 1——理邦医疗 iT20 遥测监护仪

理邦医疗 iT20 遥测监护仪的主要功能如下：

（1）iT20 内置 Wi-Fi 模块，可无线接入 MFM-CMS 中央监护系统，并同时可监测心电、血氧、脉搏、呼吸等生理参数，可满足 CCU（冠心病监测病房）、心内科、康复科及普通病房等患者的床旁及移动监护的需求；

（2）重量≤ 140g，配有挂带包，便于患者随身携带，即使长时间使用也能保持舒适；

（3）支持 OLED 彩色显示屏，具有多种提示信息及参数波形实时显示功能；

（4）防水等级 IPX7，具有可短时间泡水且 1 米高度抗摔的特性；

（5）专业的 iSEAPTM 心电算法，可缩短心率出值时间并提供准确的心电监护功能；

（6）专业的 iMATTM 血氧算法，可保证在弱灌注、运动状态等情况下保持血氧测量的稳定性和准确性；

（7）支持护士、患者双向呼叫系统，保证监护的全面性和及时性；

（8）支持导联智能检测、识别，并具有导联脱落提示功能；

（9）内置 2 节 AA 电池，续航时间≥ 100 小时，并支持电池无缝切换功能；

（10）双屏支持 64 台同时接入中央监护系统，可与床边监护仪混合联网。

设计详细过程如图 2-21 至图 2-38。

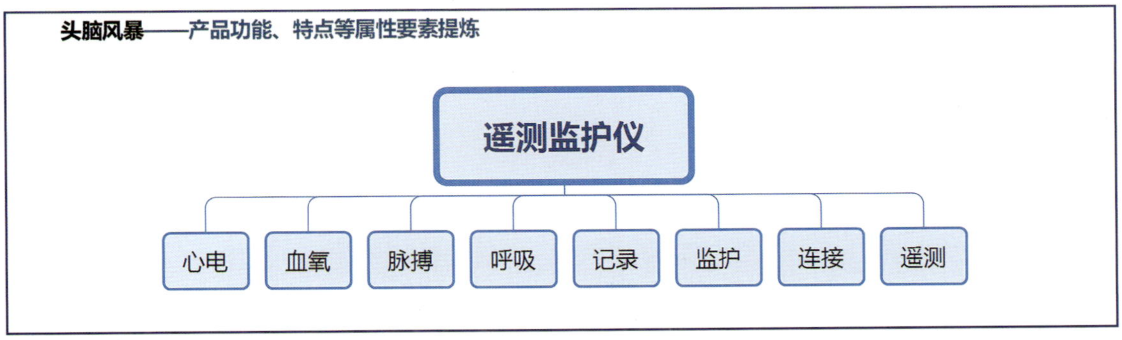

图 2-21 iT20 设计步骤 1：使用 Xmind 软件将产品功能、特点进行整理

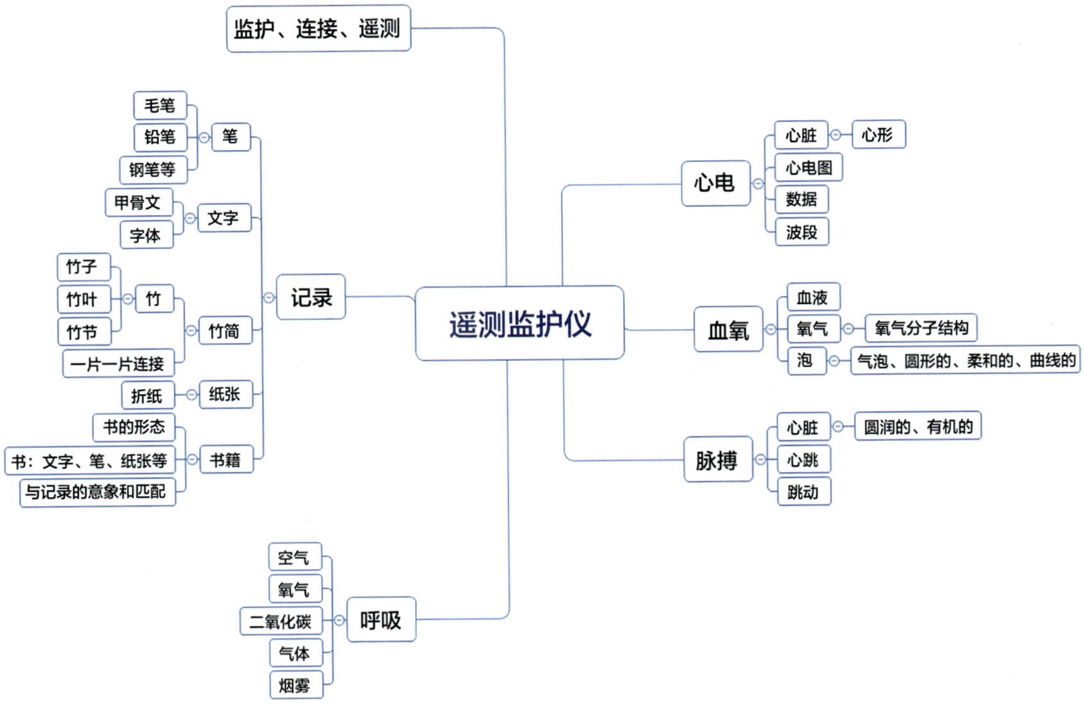

图 2-22 iT20 设计步骤 2：根据功能、特点描述词进行发散

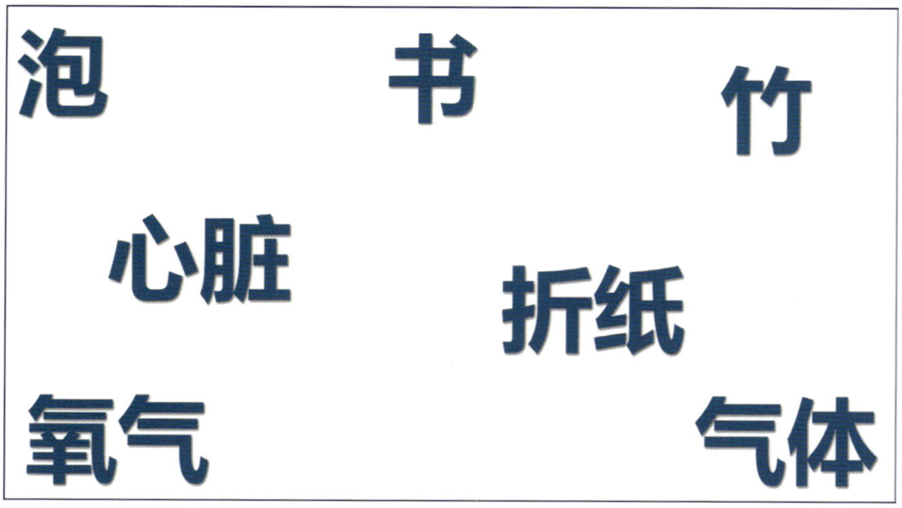

图 2-23 iT20 设计步骤 3：整理发散的关键词，提炼适合的设计元素

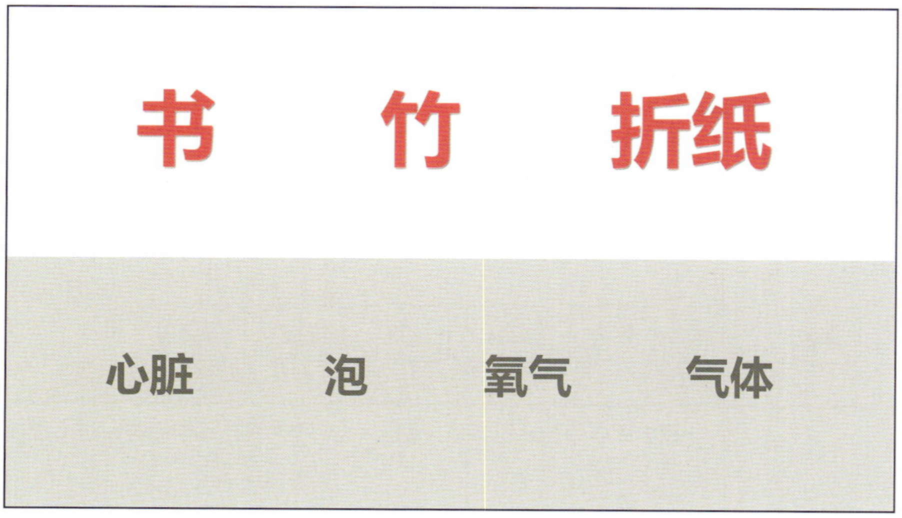

图 2-24 iT20 设计步骤 4：根据产品形态要求进一步提炼适合的设计元素：书、竹、折纸

图 2-25 iT20 设计步骤 5-1：收集与书相关的素材信息

图 2-26 iT20 设计步骤 5-2：收集与竹相关的素材信息

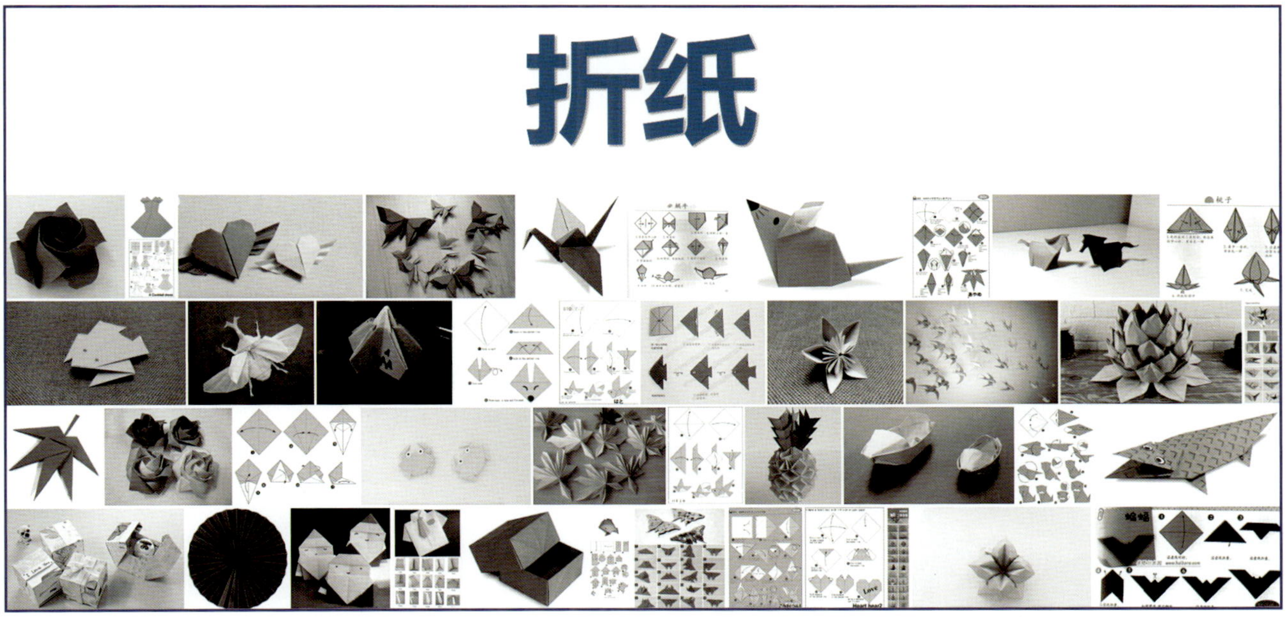

图 2-27 iT20 设计步骤 5-3：收集与折纸相关的素材信息

图 2-28 iT20 设计步骤 6-1：提取书的造型要素

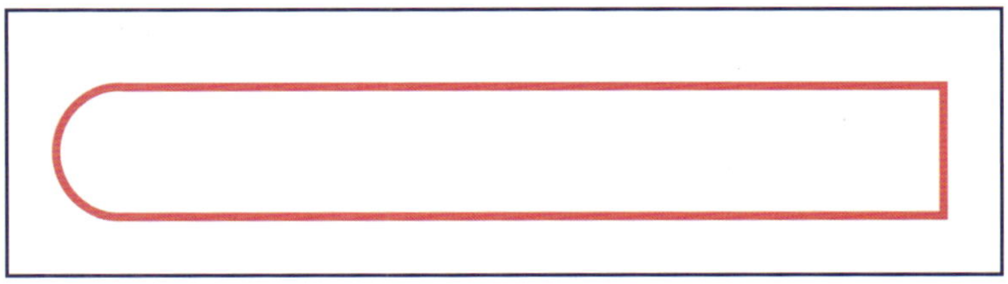

图 2-29 iT20 设计步骤 6-2：对元素进行调整

图 2-30 iT20 设计步骤 7-1：二维转三维

图 2-31 iT20 设计步骤 7-2：对三维造型进行圆角处理

图 2-32 iT20 设计步骤 8：结构分割与上色

图 2-33 iT20 设计步骤 9-1：分割主要功能区

图 2-34 iT20 设计步骤 9-2：分割主要功能区

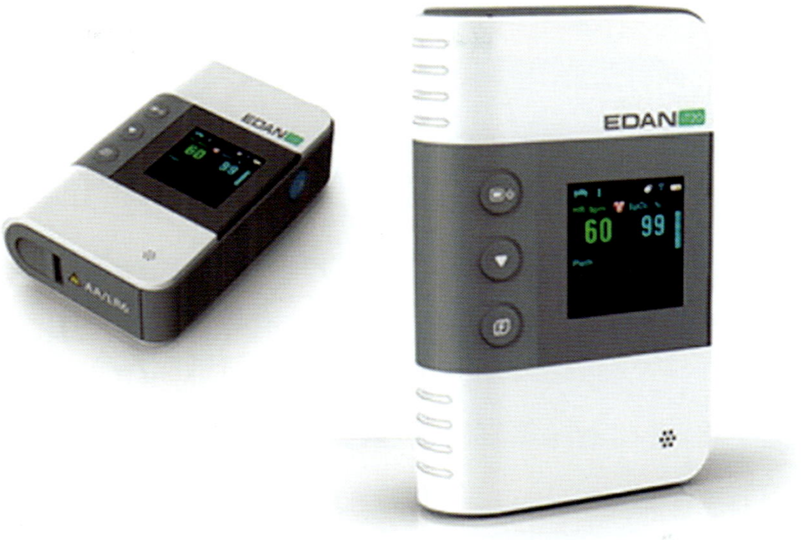

图 2-35 iT20 设计步骤 10：完善细节（韩尧设计作品）

图 2-36 iT20 方案效果展示 1（韩尧设计作品）

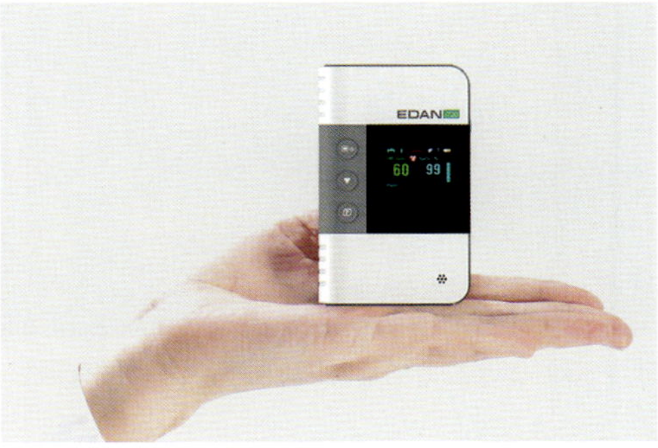

图 2-37 iT20 方案效果展示 2（韩尧设计作品）

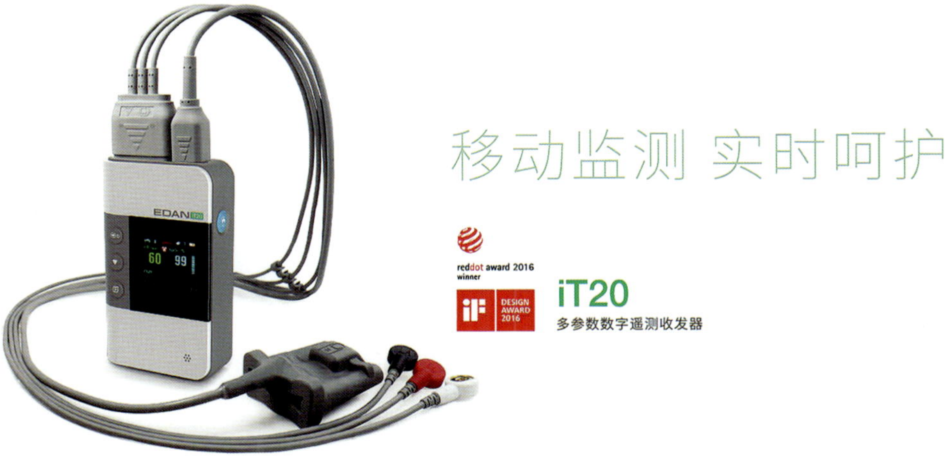

图 2-38 iT20 方案效果展示 3（韩尧设计作品）

案例 2——水立方国家游泳中心（图 2–39）

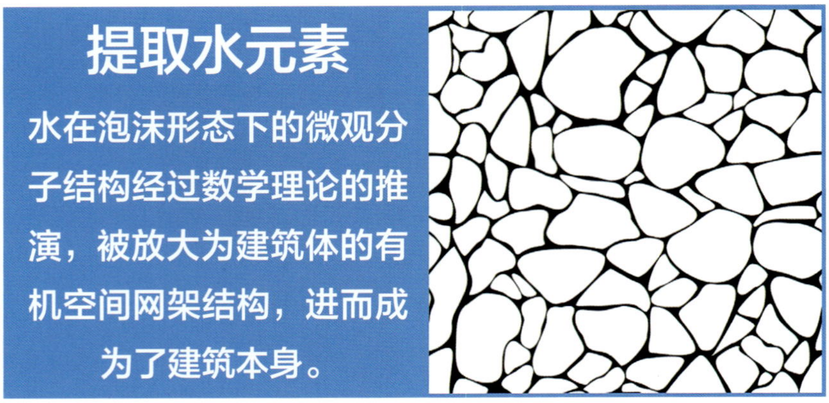

图 2-39-1 水立方国家游泳中心设计创意

图 2-39-2 水立方国家游泳中心实拍图（韩尧摄影）

（3）以主要消费对象或与消费对象相关的要素（用户喜好）作为设计元素

此设计方法在儿童产品和女性产品的设计中较常用。（图 2–40）

图 2-40-1 儿童椅（2022 级 陈宣彤）

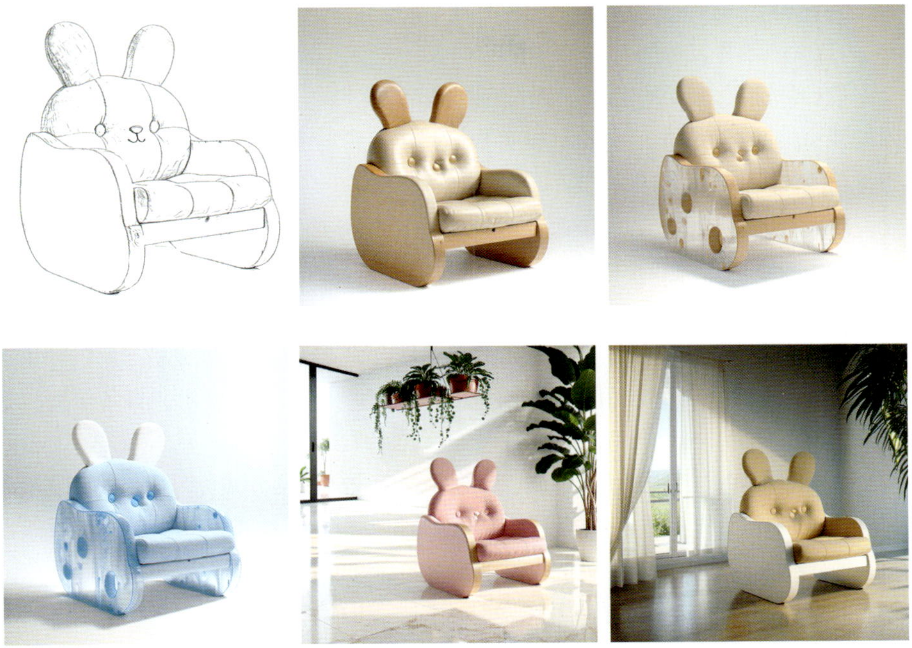

图 2-40-2 兔子休闲椅（2022 级陈美熿）

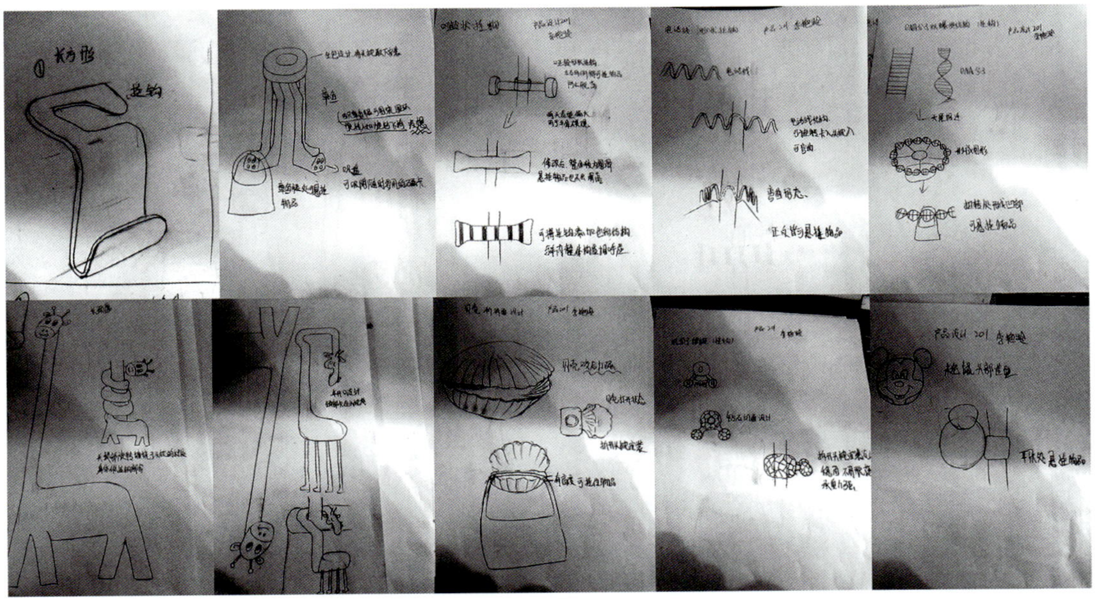

图 2-41 汽车挂钩草图（2020 级 李艳玲）

草图表现技巧

草图表现技巧在快速方案构思阶段至关重要，它要求设计师能够迅速捕捉并传达设计思维，即在有限的时间（几十秒到一两分钟）内也能清晰表达想法。草图旁可配以简短的文字说明，以快速补充设计意图和思路。（图 2-41）

2.4.4 任务 4：方案评议与修改

1. 方案评议选择 3—5 个方案进行深化；
2. 方案推敲修改；
3. 多轮方案评议与修改。

方案评议与修改的实施要点

（1）方案评议标准

设计标准很多，不同类型的产品评价标准不一样，不同的设计内容评价标准也不一样，不同的设计企业和设计师的评价标准都不一样，评价标准要根据具体的实际情况来进行评议。这里推荐杨明杰设计公司的设计标准作为方案评议的参考标准，仅供参考。

好设计的标准——功能层面：

①实用性：满足各种可能的，包括极端的使用场合与状态，有较长的实际使用寿命，具备高品质的实用性与耐用性；

②安全性：具备足够的安全性，考虑到危险的、错误的，或是被忽略的使用状况；

③人体工学与人机交互：产品物理属性符合人体工学的要求，具备便捷、易操作、稳定与友善的人机交互界面，为用户提供趣味与惊喜；

④使用方式：产品的使用方式、状态符合用户的生活方式、习惯与使用环境；

⑤通用性与差异化：符合特定人群差异化的需求，如考虑到主流与小众人群、普通与超级用户，以及不同国家、地区、文化、性别、年龄的人群的需求与喜好。

好设计的标准——视觉层面：

①美学价值：高品质的美学价值，在造型、色彩与材料的使用上带给人一种视觉上的兴奋与愉悦感；

②创新性：视觉语言的独特、创新与差异化，没有雷同与抄袭，符合特定的设计趋势；

③持久性：视觉上不易引起审美疲劳，产品经典耐看；

④引导性：在视觉上具备清晰的引导性，产品的功能特性、使用方式实现可视化，结构清晰，造型、色彩和材料须基于每个部件的功能和使用方式进行合理分布，易于理解与操作；

⑤统一性：整体与细节、形态与交互界面(UI)及图形用户界面(GUI)保持统一的风格和品质；

⑥符合环境；视觉上与产品实际使用的环境与场合关系合理、协调，外观可融入使用环境。

好设计的标准——精神层面：

①身份认同：产品能够令拥有者产生归属感与身份认同，且符合用户的生活形态与品位，用户与产品之间存在着紧密的情感联系与精神交流；

②品牌识别性：产品具备品牌识别性，体现该产品品牌的理念与设计语言，产品系列具备明显的家族感，有统一的设计风格；

③品牌期待值；产品能符合或是超越用户对于该产品品牌目前发展阶段的期待值，与竞争品牌有明显差异；

④层次感：产品系列具备清晰的高、中、低端层次感。

（2）方案推敲

该阶段主要分为以下三个阶段：

第一阶段：功能定义推敲、技术实现方式推敲、结构推敲；

第二阶段：方案造型推敲，即产品造型设计推敲、产品尺寸推敲、人机交互推敲；

第三阶段：方案 CMF 设计推敲。

对于设计初学者来说，每个阶段都需要进行多轮草图绘制推敲、评议，再绘制推敲，反复多次才能有较好的效果，这个过程需要任课教师进行把关，以保证设计作品的质量和水准。

（3）方案评议方法

在具体的方案评议过程中，建议第一轮采用分小组评议，以5—8人为一组，评选一名组长，教师给学生评议参考标准，由组长组织小组成员进行方案评议。后面的评议可以采用授课教师引导全班同学一起评议每位同学的方案的方式，这样对于方案的方向把握更加清晰。项目设计过程中需要多次方案评议，授课教师可以根据具体情况综合使用以上两种评议方式。在多轮评议过程中，逐步选出最优方案进行修改和完善。

（4）实施案例——水分子汽车挂钩设计（图 2-42 至图 2-44）

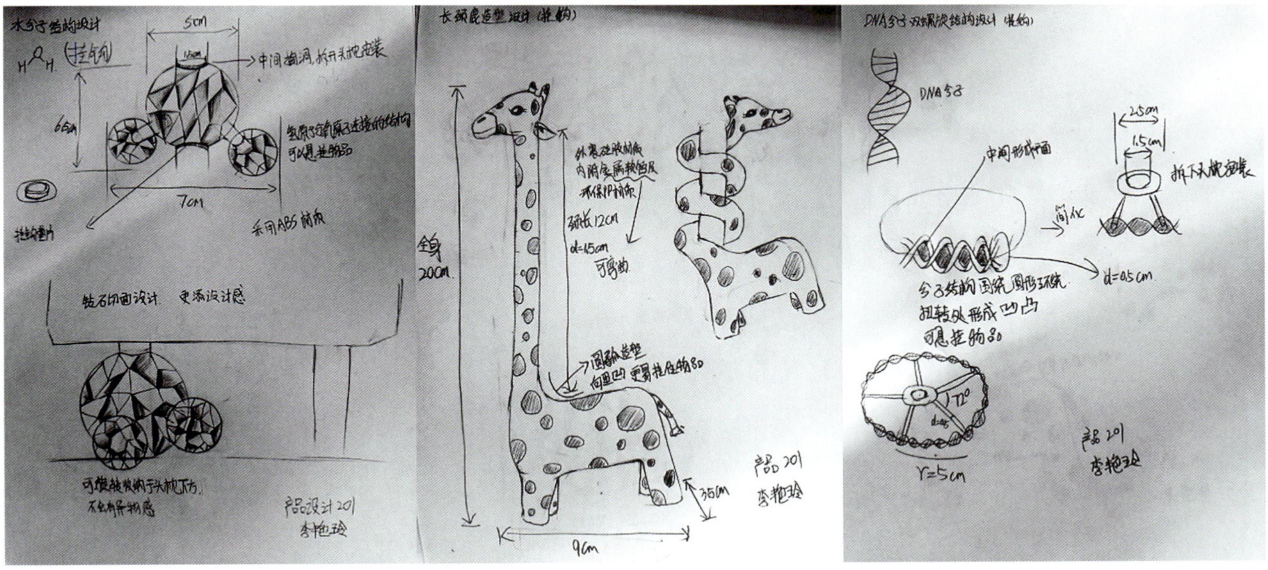

图 2-42 水分子汽车挂钩设计草图（2020 级 李艳玲）

图 2-43 水分子汽车挂钩设计效果展示 1（2020 级 李艳玲）

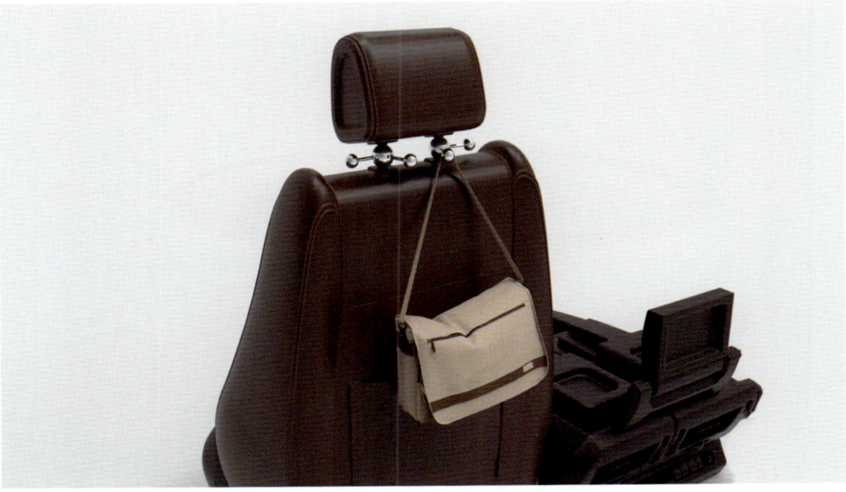

图 2-44 水分子汽车挂钩设计效果展示 2（2020 级 李艳玲）

（5）实施案例——腰上救生圈设计（图 2-45 至图 2-50）

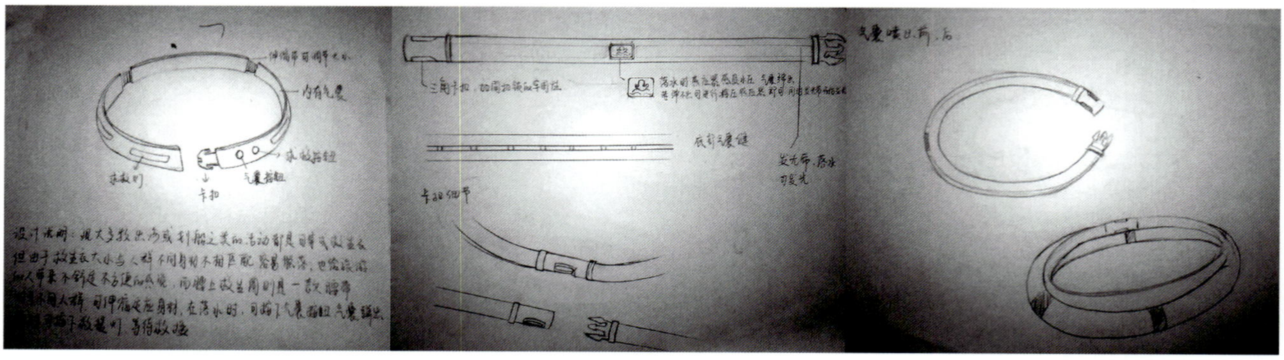

图 2-45 概念草图（2017 级 余梅英）

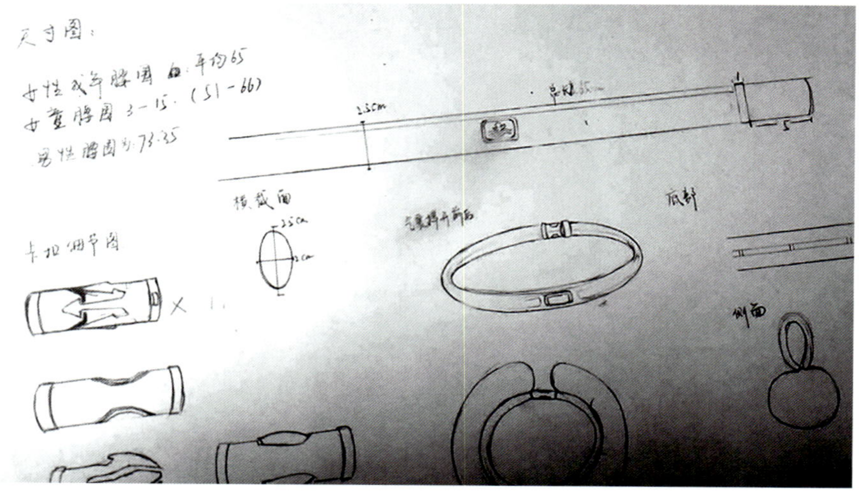

图 2-46 方案草图（2017 级 余梅英）

码 2-3 腰上救生圈设计分析报告

图 2-47 方案效果图 1（2017 级 余梅英）

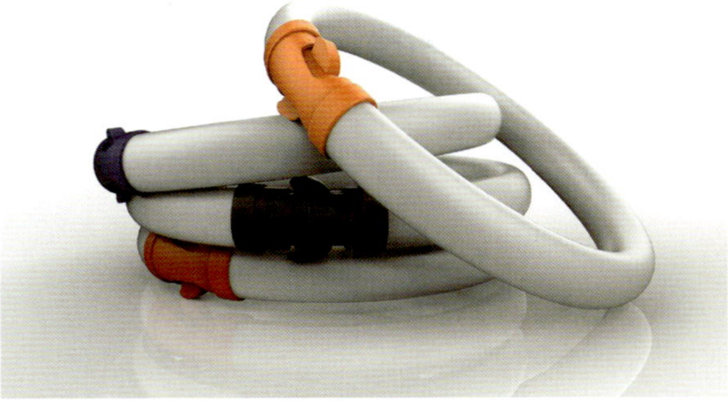

图 2-48 方案效果图 2（2017 级 余梅英）

图 2-49 充气效果图（2017 级 余梅英）

图 2-50 产品使用效果图（2017 级 余梅英）

2.4.5 任务 5：手绘方案

1. 最终方案完善与修改；
2. 最终方案效果图手绘表达。

手绘方案的实施要点

（1）方案效果图手绘表达

最终方案手绘效果图要求呈现前后侧 45° 两个角度的立体效果图，要用马克笔上色，注意手绘图的透视与比例，产品细节手绘表达（如孔、按键、电源插孔、插头、Logo、标贴、指示灯、分模线等），产品三视图与基本的尺寸标注，基本的材质说明和方案的设计说明撰写。

（2）实施案例——灯光撑衣杆（图 2-51 至图 2-53）

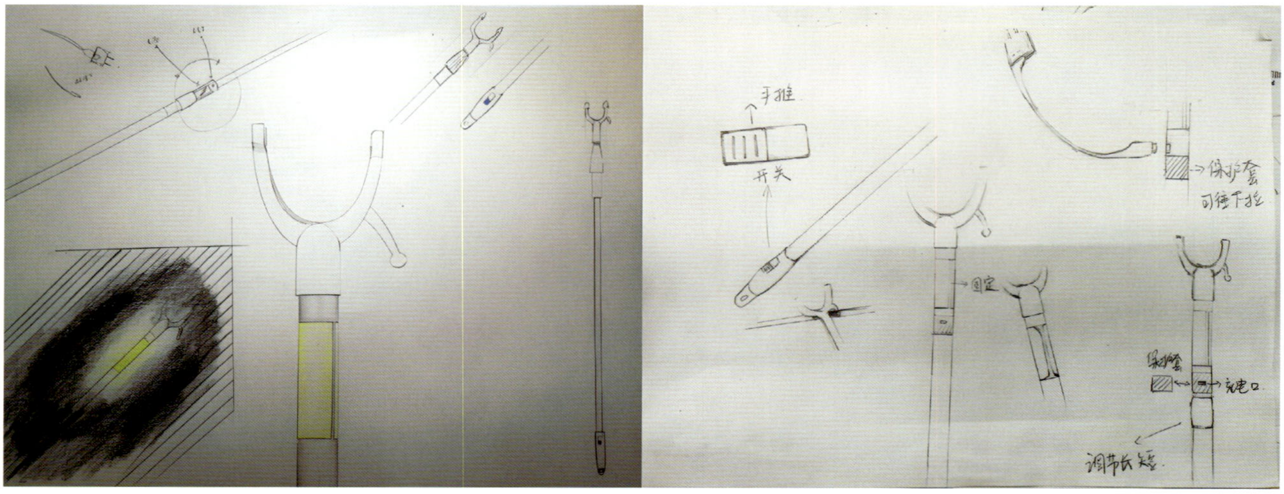

图 2-51 方案手绘图（2016 级汤丽、汪山山）

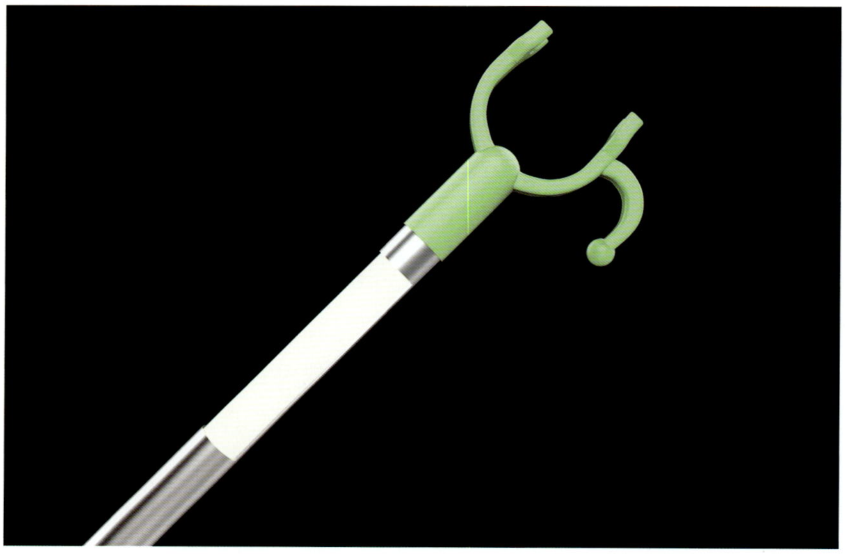

图 2-52 产品效果图（2016 级汤丽、汪山山）

图 2-53 产品细节效果图（2016 级汤丽、汪山山）

2.4.6 任务 6：方案草模制作

1. 完成方案实物草模制作；
2. 方案实物草模评估；
3. 方案模型完善与修改。

方案草模制作的实施要点

（1）方案草模制作说明

综合利用常见材料如打印纸、瓦楞纸、KT 板、铁丝、牛皮纸等材料快速完成方案的模型制作，通过模型对产品的尺寸、空间、结构、操作等进行验证，以保证产品的可行性。根据实物草模进行方案综合评估，对方案再进行完善和修改。

（2）实施案例——瓦楞纸、石膏、塑料模型（图 2–54 至图 2–56）

图 2–54 瓦楞纸模型（2016 级学生作品）

图 2–55 产品艺术设计学生制作石膏模型

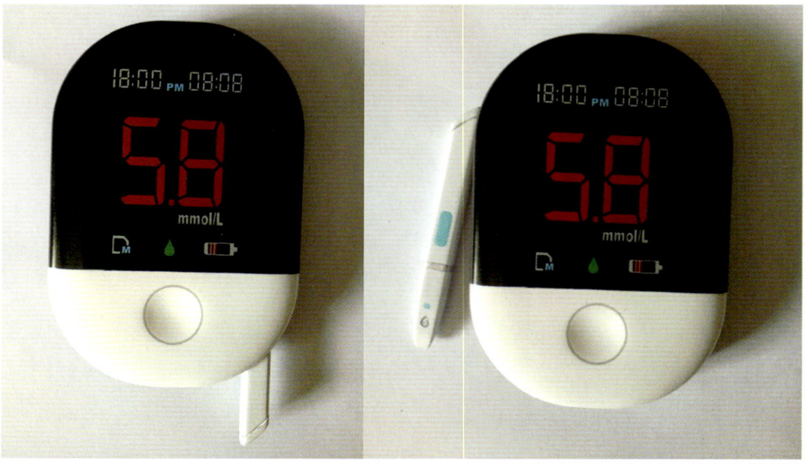

图 2-56 塑料模型案例（2015 级 罗艳、陈鑫）

2.4.7 任务 7：建模与修改

1. 方案三维数字建模；
2. 完成二维线框图推敲、外观模型、结构模型、使用场景模型建模；
3. 多轮建模评议与修改。

建模与修改的实施要点

（1）方案三维数字建模流程

在进行三维数字建模前，先将三视图导入建模软件，进行二维线框图推敲，主要以产品的实际尺寸来规范方案，推敲方案的曲线、转折过渡、细节、倒角大小等内容，为后期三维模型的建立打下基础，以提高建模效率。

（2）三维数字建模内容

产品三维数字建模的主要内容有产品外观建模、产品结构建模、产品使用场景建模。建模的过程需要任课教师主导多轮评议和修改。

（3）实施案例——星舰——汽车挂钩

该作品的设计创作灵感源自星球大战中的宇宙飞船元素，在三维数字建模过程中，设计者对产品外形细节做了多次修改和调整。（图 2-57 至图 2-60）

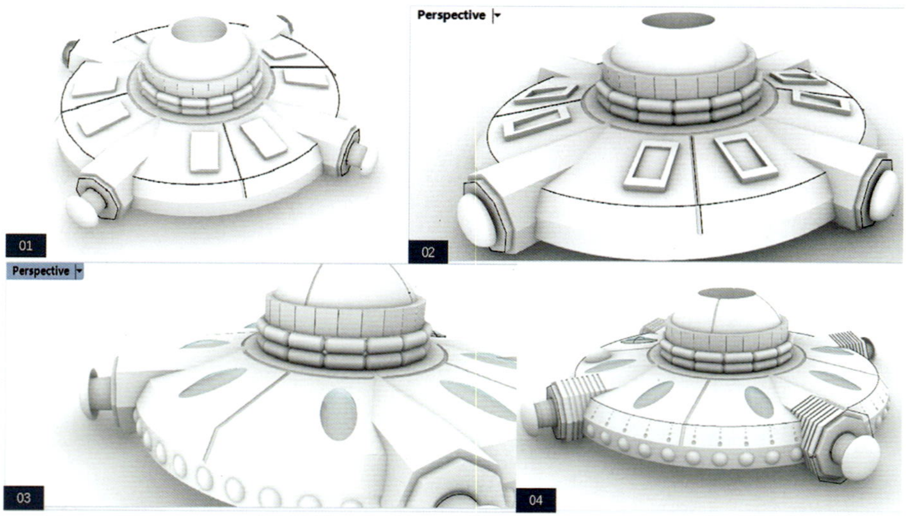

图 2-57 星舰——汽车挂钩 1（2020 级 张慧萍）

码 2-4 星舰——汽车挂钩

图 2-58 星舰——汽车挂钩 2（2020 级 张慧萍）

图 2-59 星舰——汽车挂钩 3（2020 级 张慧萍）

图 2-60 星舰——汽车挂钩 4（2020 级 张慧萍）

2.4.8 任务 8：效果图制作

1. 方案效果图渲染表现；

2. 完成六视图、单模型、多模型、配色图、结构爆炸图、场景应用图、产品宣传视频输出；

3. 多轮渲染评议与修改。

效果图制作的实施要点

（1）渲染出图要求

产品设计效果图要达到商用效果图质量，可以通过网络搜索查看专业设计公司的设计效果图，以此为标准进行效果图渲染和效果图后期制作。出图要求：六视图、单模型、多模型、配色图、结构爆炸图、场景应用图、产品宣传视频输出。

（2）实施案例——猫可掬：车载香薰（图 2-61 至图 2-66）

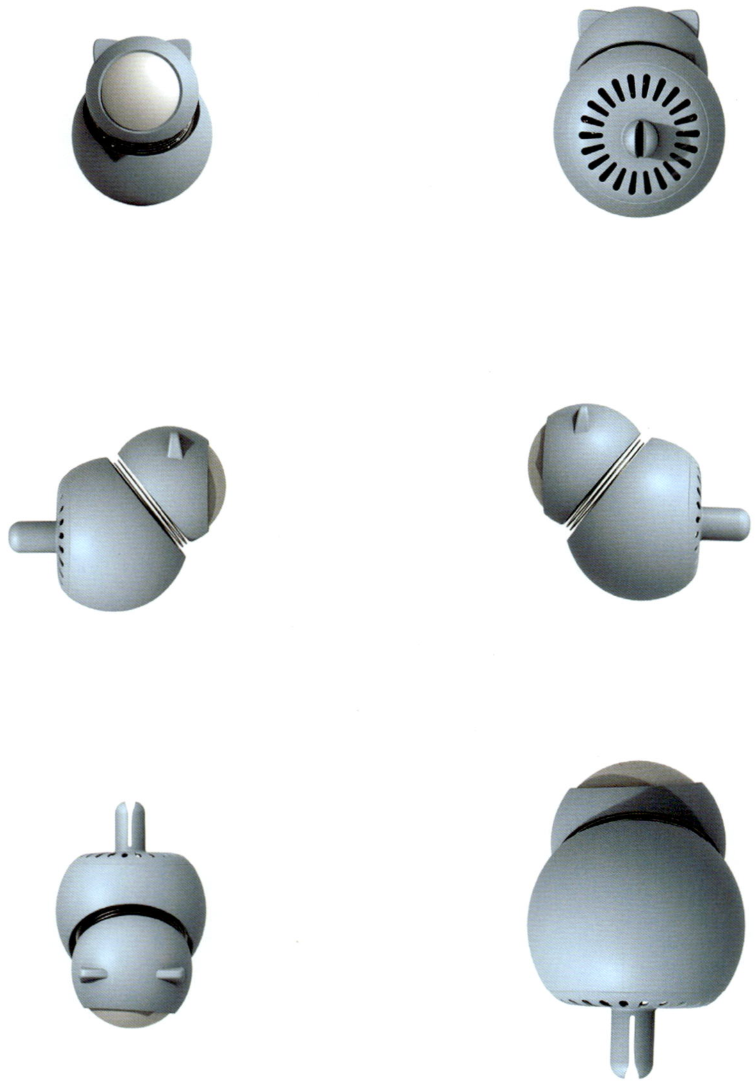

图 2-61 六视图（2020 级 廖莉）

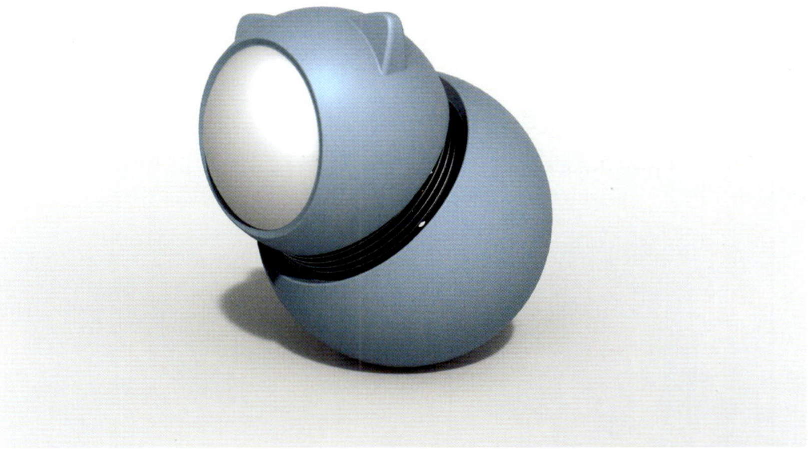

图 2-62 单模型效果图（2020 级 廖莉）

图 2-63 多模型效果图（2020 级 廖莉）

图 2-64 配色效果图（2020 级 廖莉）

图 2-65 场景应用效果图 1（2020 级 廖莉）

图 2-66 场景应用效果图 2（2020 级 廖莉）

2.4.9 任务 9：产品展示

码 2-5 “极净”——洪灾后清洁设备

码 2-6 “智援”——智能消防救援气囊

1. 完成一份产品报告 PPT；
2. 完成一份产品展板；
3. 完成其他展示内容制作。

产品展示的实施要点

（1）产品展示内容

产品报告 PPT 和展板所展示的内容基本上是一致的，只是展示方式和媒介不同，主要包括作品的名称、设计背景、设计分析、设计创意灵感、草图表达、数字建模及渲染表现、效果图结合产品功能、材料工艺、人机尺寸等进行综合展示。PPT 和展板要注重版式与排版，风格和排版需要与产品的属性统一。

（2）实施案例——PPT 案例展示请扫码 2-5、码 2-6 进行查看，展板如图 2-67 所示。

图 2-67 童趣——儿童玩具换购机展板案例（2000 级 曾程梦）

2.4.10 任务 10：汇报与评价

1. 演讲汇报；
2. 项目评价。

汇报与评价的实施要点

主要培养学生的口头表达能力、设计沟通能力等。每位同学依次进行项目汇报演讲，可以邀请企业和不同专业的教师来进行现场答辩和评分，也可让同学互评分数。评分表详见 2.8 项目评价与总结。

2.5 设计案例——企业案例

2.5.1 四川九州电子科技股份有限公司案例——Wi-Fi6 路由器设计

四川九州电子科技股份有限公司是由四川九洲电器集团有限责任公司控股，是全球领先的机顶盒提供商和国内领先的智能网络技术和设备提供商。主要为国内广电及电信运营商提供宽带网络解决方案、数字电视音视频系统解决方案、智慧城市及智能家居解决方案等。九州工业设计中心正式成立于 2012 年 11 月，隶属于四川九州电子科技股份有限公司技术中心，负责公司通信及广电产品的工业设计，是四川省省级工业设计中心。工业设计中心负责结构、工艺等各关键工业设计环节的技术研究与推广应用。九州工业设计中心与绵阳职业技术学院产品艺术设计专业建立了长期的合作关系，通过校企合作共同研发了多项数字通信产品。以企业的实战案例——Wi-Fi6 路由器设计进行项目展示，可提升学生对产品设计的认识和理解。

此案例从产品本身的属性上寻找设计创意突破点，以数字“6”为创意设计元素进行构思，将产品的特征与产品设计本身进行结合，有利于打造产品的立体形象。（图 2-68 至图 2-88）

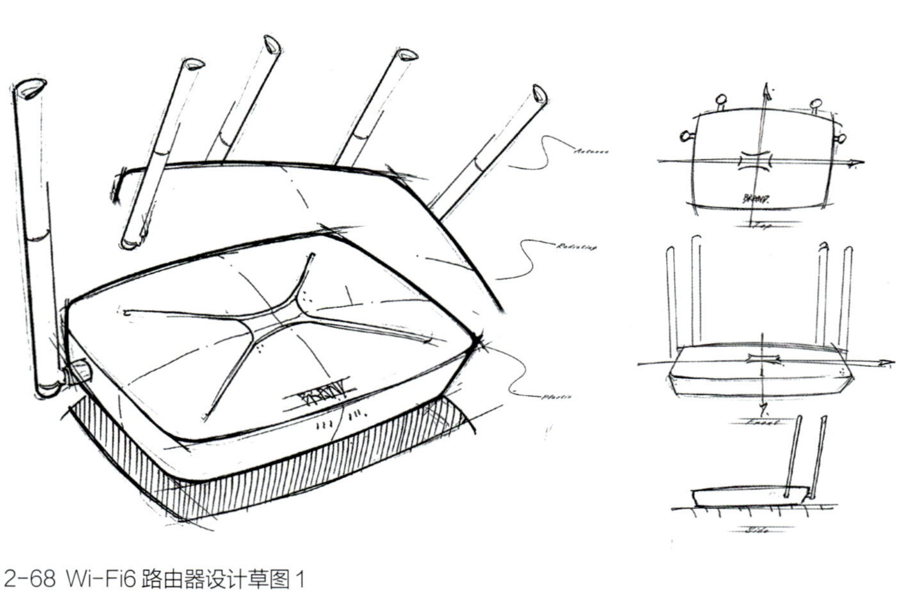

图 2-68 Wi-Fi6 路由器设计草图 1

图 2-69 Wi-Fi6 路由器 1-1

图 2-70 Wi-Fi6 路由器 1-2

图 2-71 Wi-Fi6 路由器 1-3

图 2-72 Wi-Fi6 路由器细节图

图 2-73 Wi-Fi6 路由器六视图

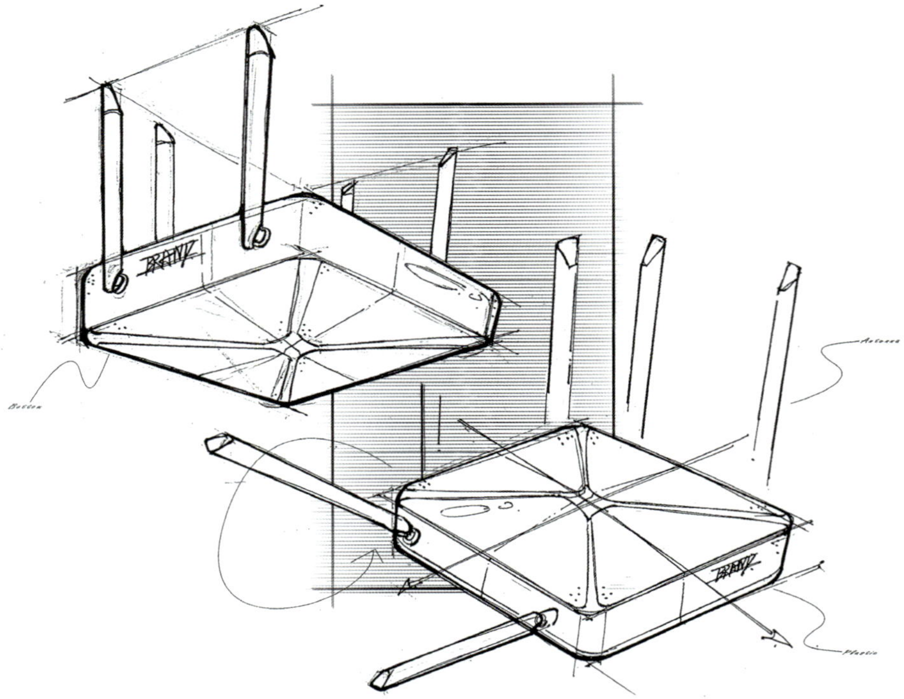

图 2-74 Wi-Fi6 路由器设计草图 2

图 2-75 Wi-Fi6 路由器 2-1

图 2-76 Wi-Fi6 路由器 2-2

图 2-77 Wi-Fi6 路由器 2-3

图 2-78 Wi-Fi6 路由器 2-4

图 2-79 Wi-Fi6 路由器三视图

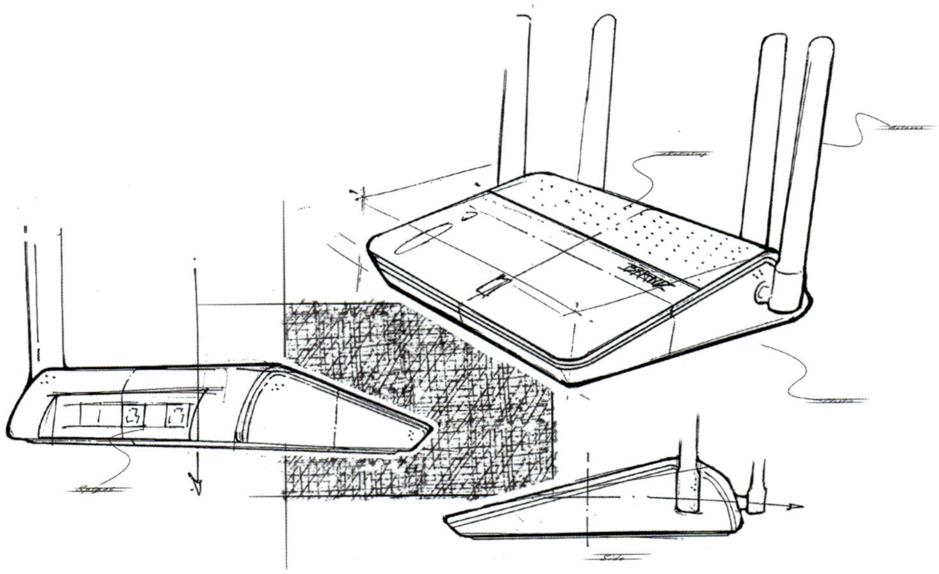

图 2-80 Wi-Fi6 路由器设计草图 3

图 2-81 Wi-Fi6 路由器 3-1

图 2-82 Wi-Fi6 路由器 3-2

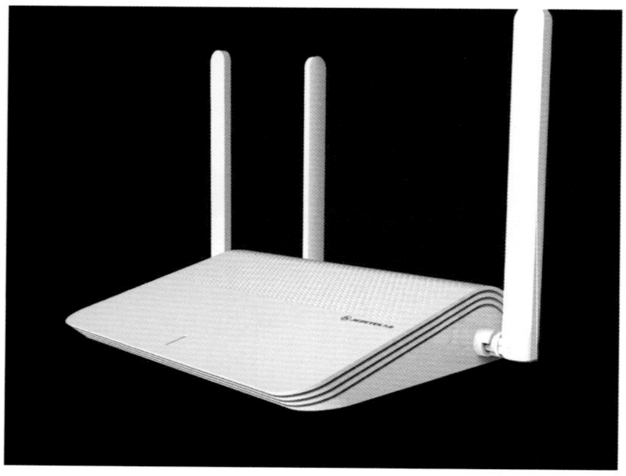

图 2-83 Wi-Fi6 路由器 3-3

图 2-84 Wi-Fi6 路由器 3-4

图 2-85 Wi-Fi6 路由器六视图

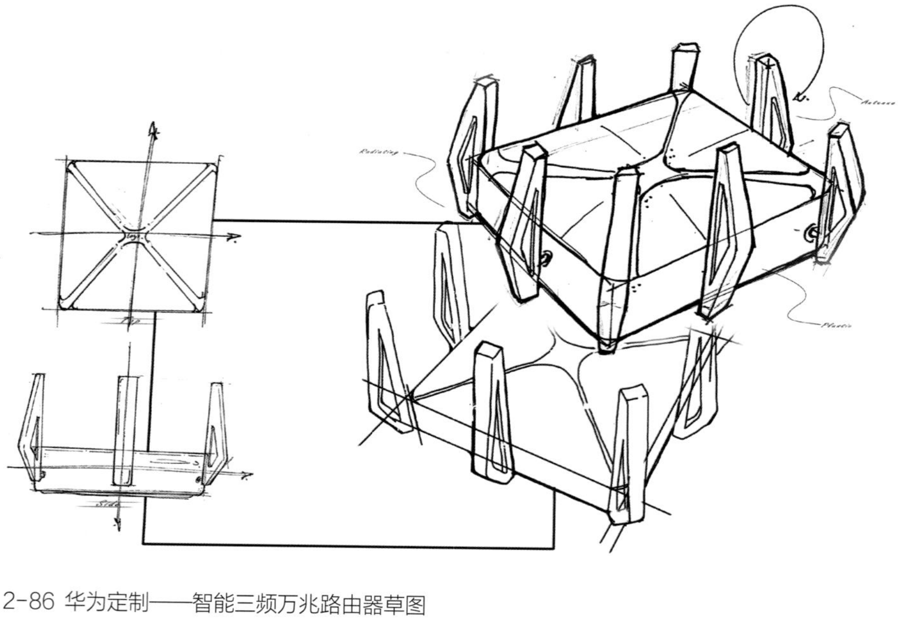

图 2-86 华为定制——智能三频万兆路由器草图

图 2-87 华为定制——智能三频万兆路由器 1

图 2-88 华为定制——智能三频万兆路由器 2

2.5.2 四川科瑞达电子技术有限公司案例——三轴载人离心机装置

四川科瑞达电子技术有限公司重点围绕核技术应用领域的装备进行工业设计、产品研发、生产制造，非标及自动化设备研发设计及生产制造，是国家级工业设计企业。公司依托国内军工企业，重点研究和发展军民融合战略性前沿领域新技术、新产品的设计研发，在核工业领域工业设计水平处于国内领先地位，其中参与两项国家国防重大专项大装置的研究和设计，开创了国内军民融合领域工业设计新典范。三轴载人离心机装置项目流程完整，不仅展示了外观造型设计、人机交互设计，还展示了结构设计、软件设计、模型加工、安装调试、动效仿真进行了案例展示，有利于学习者对企业项目研发的全流程认知。（图 2-89 至图 2-106）

图 2-89 外观设计 1

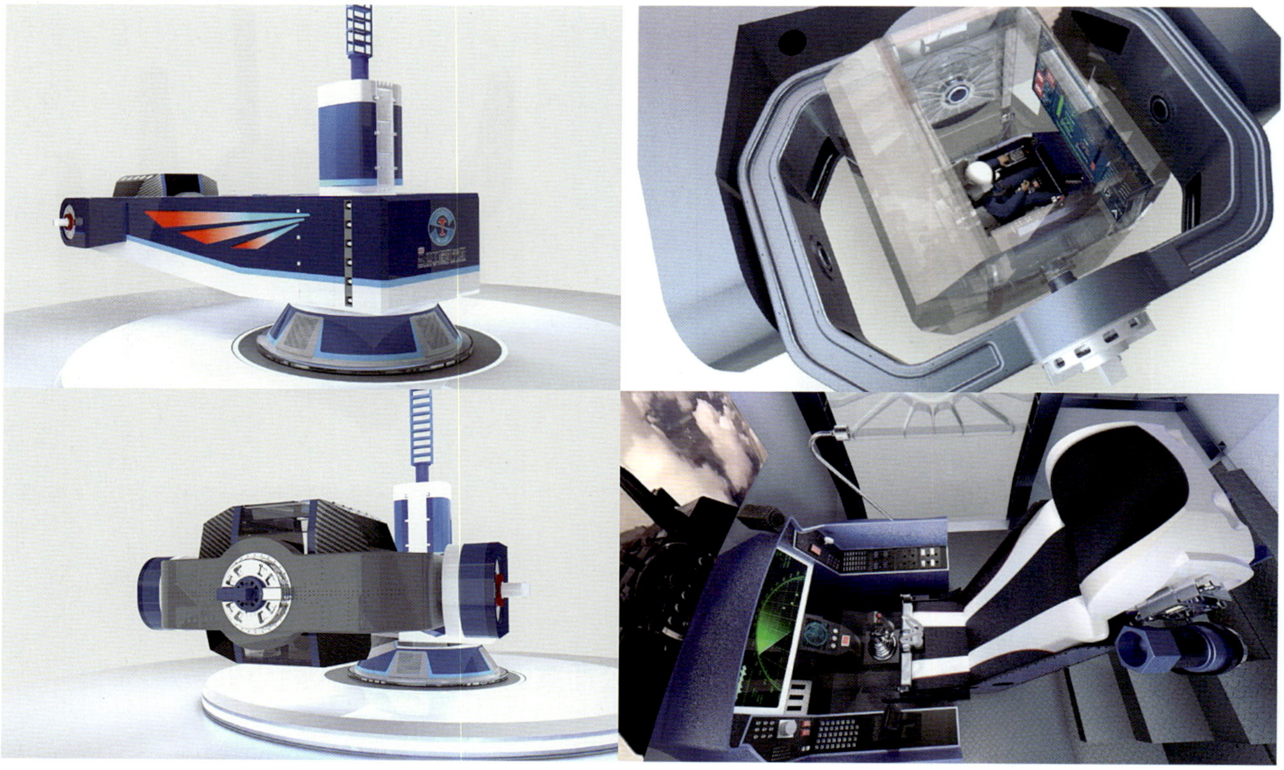

图 2-90 外观设计 2

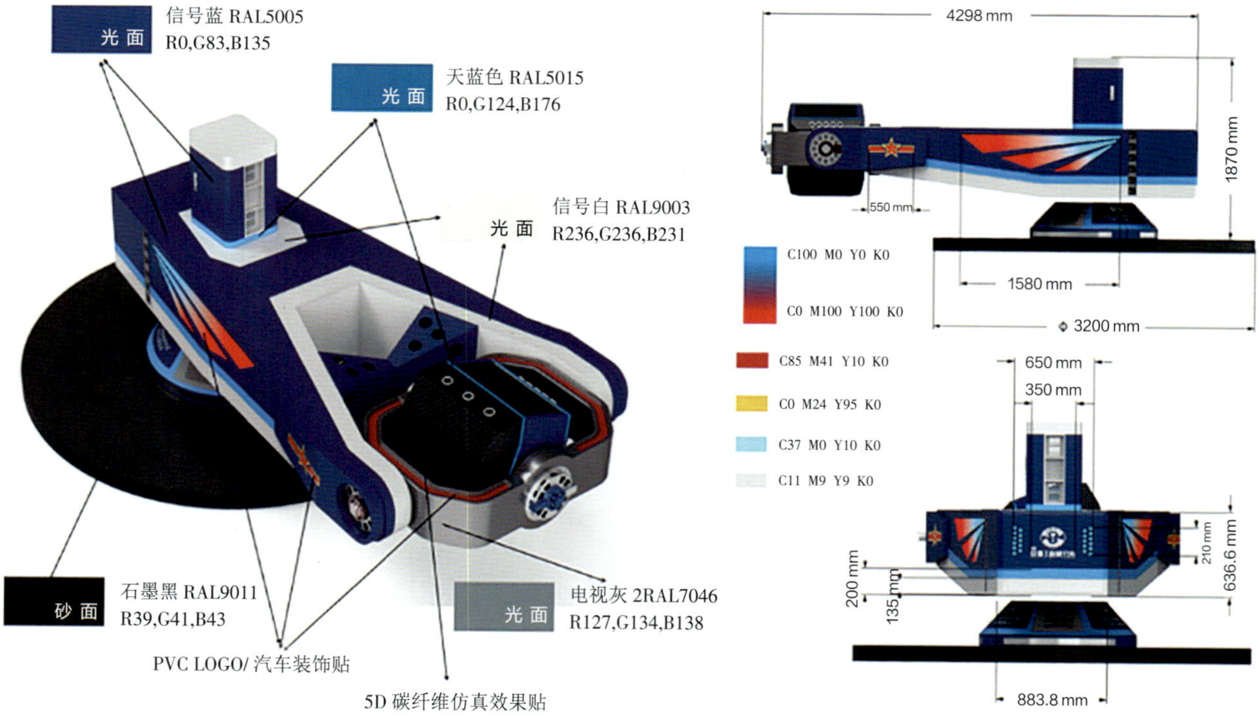

图 2-91 CMFP 色彩肌理装饰设计

图 2-92 人机交互设计 1

图 2-93 人机交互设计 2

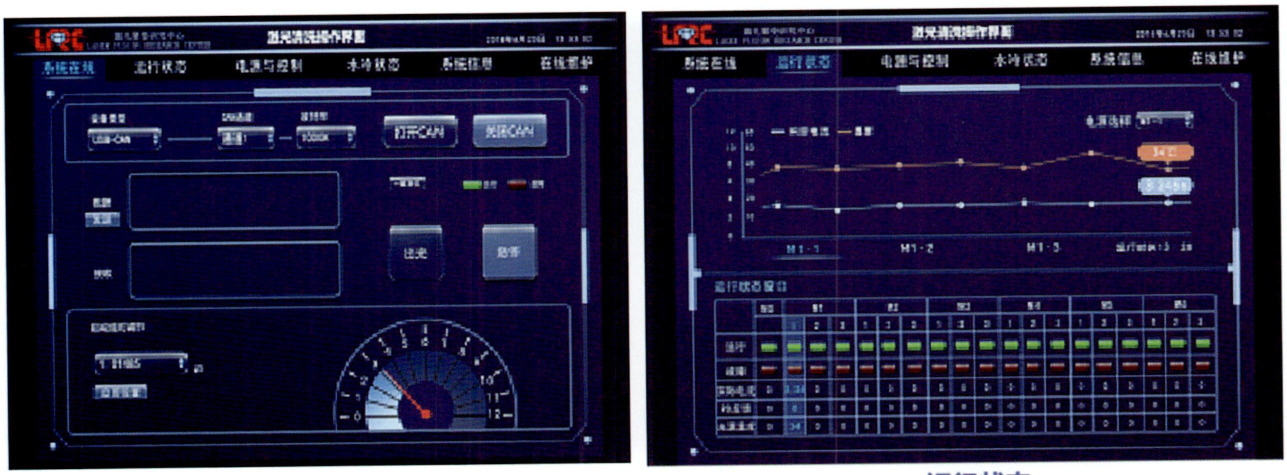

系统在线　　运行状态

图 2-94 软件界面交互设计

图2-95 机电控制系统设计

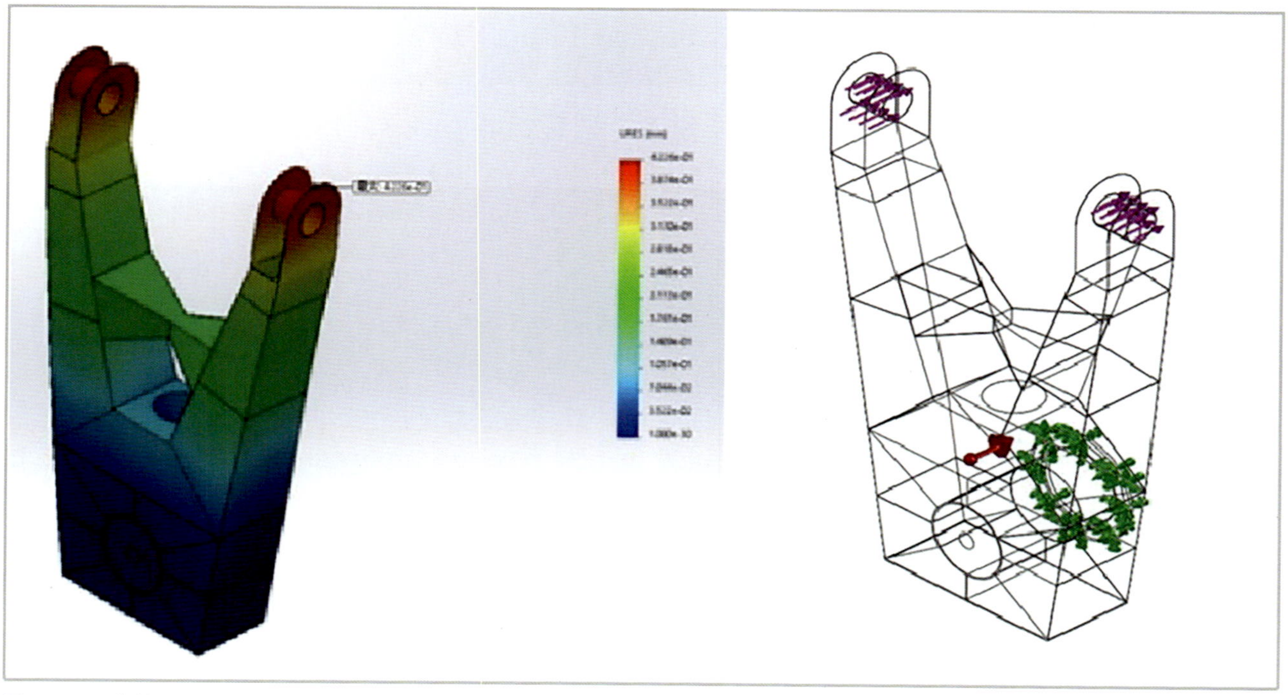

图2-96 可靠性分析设计

热分析设计　　三防设计　　可移动性设计

图 2-97

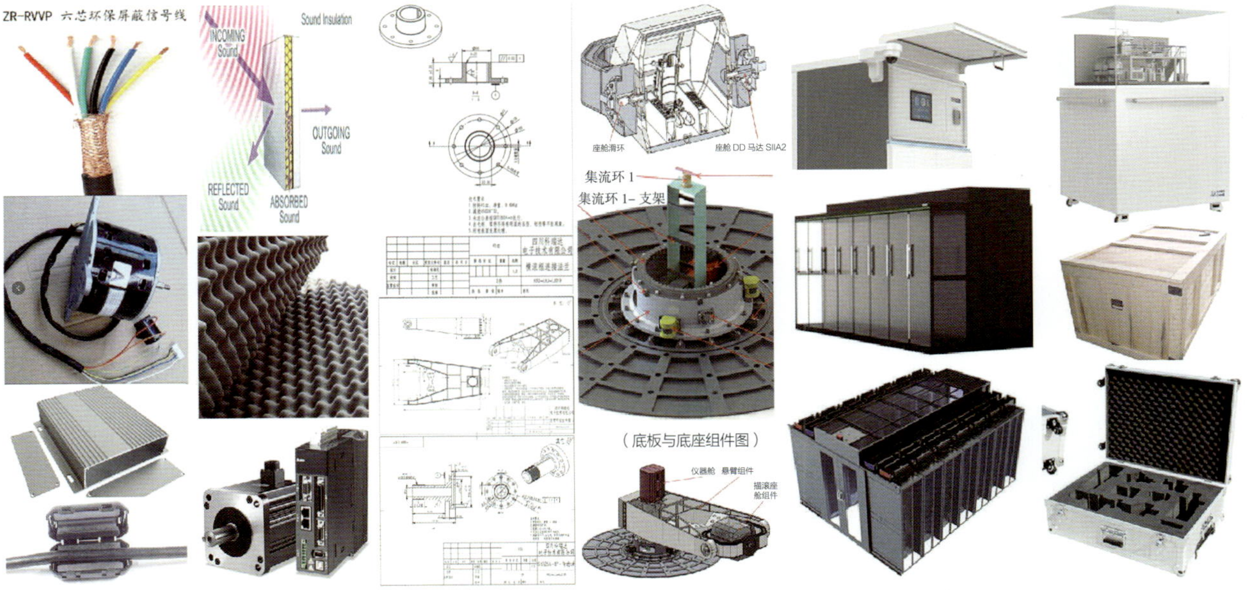

电磁屏蔽设计　　噪音控制设计　　可加工性设计　　可装配性设计　　可维护性设计　　包装结构设计

图 2-98

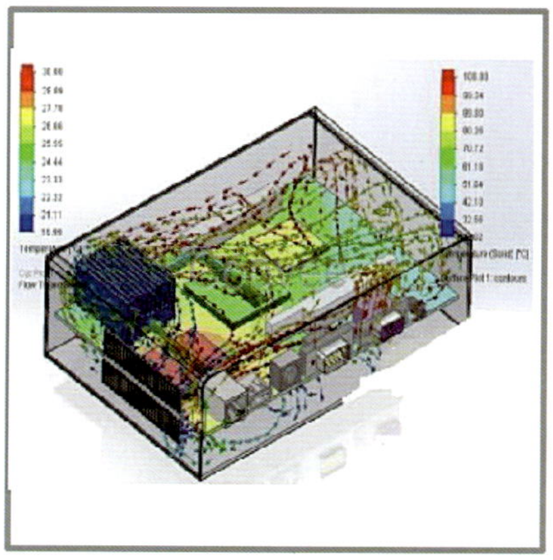

热分析

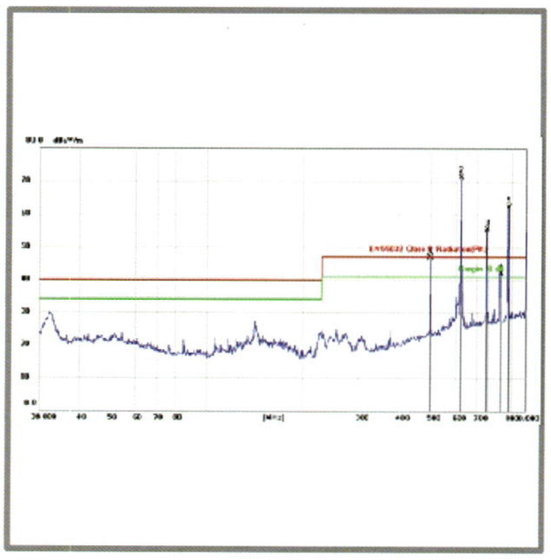

EMC 分析

电场分析

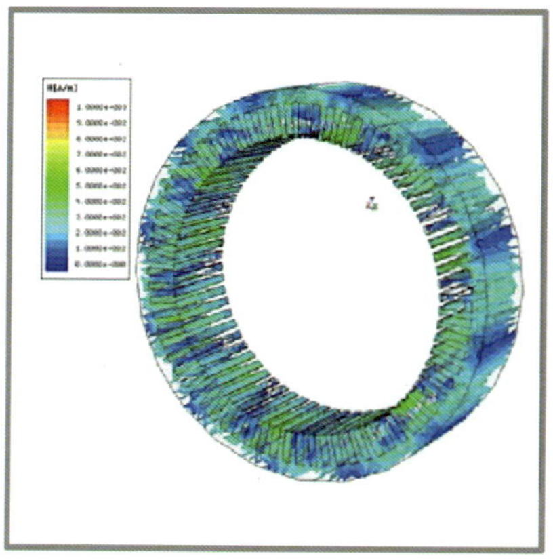

磁场分析

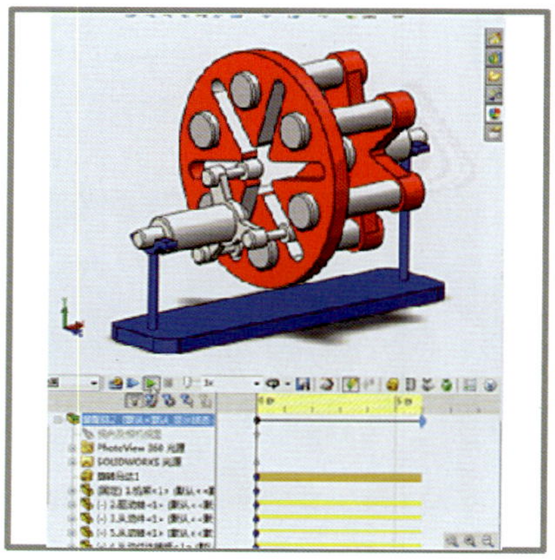

运动仿真分析

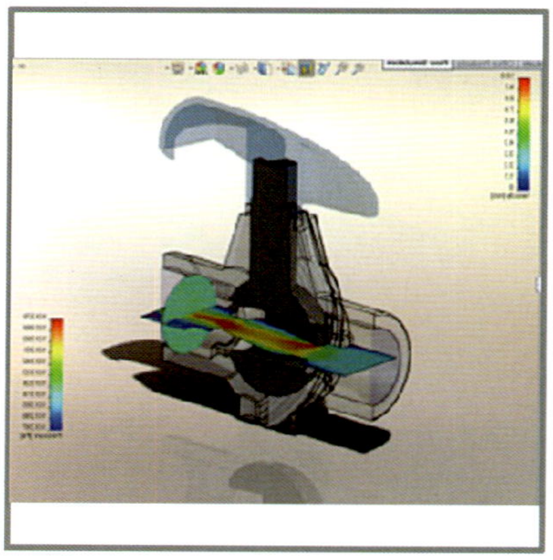

流动力学分析

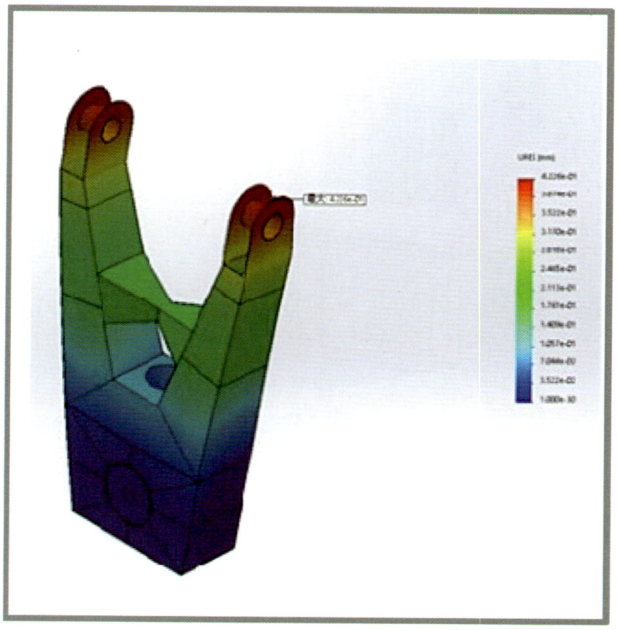

力学分析

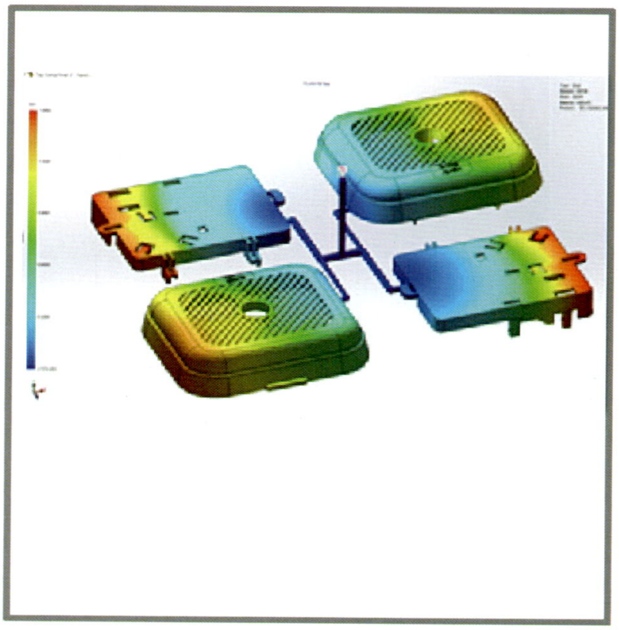

工程模拟分析

图 2-99 各项设计分析

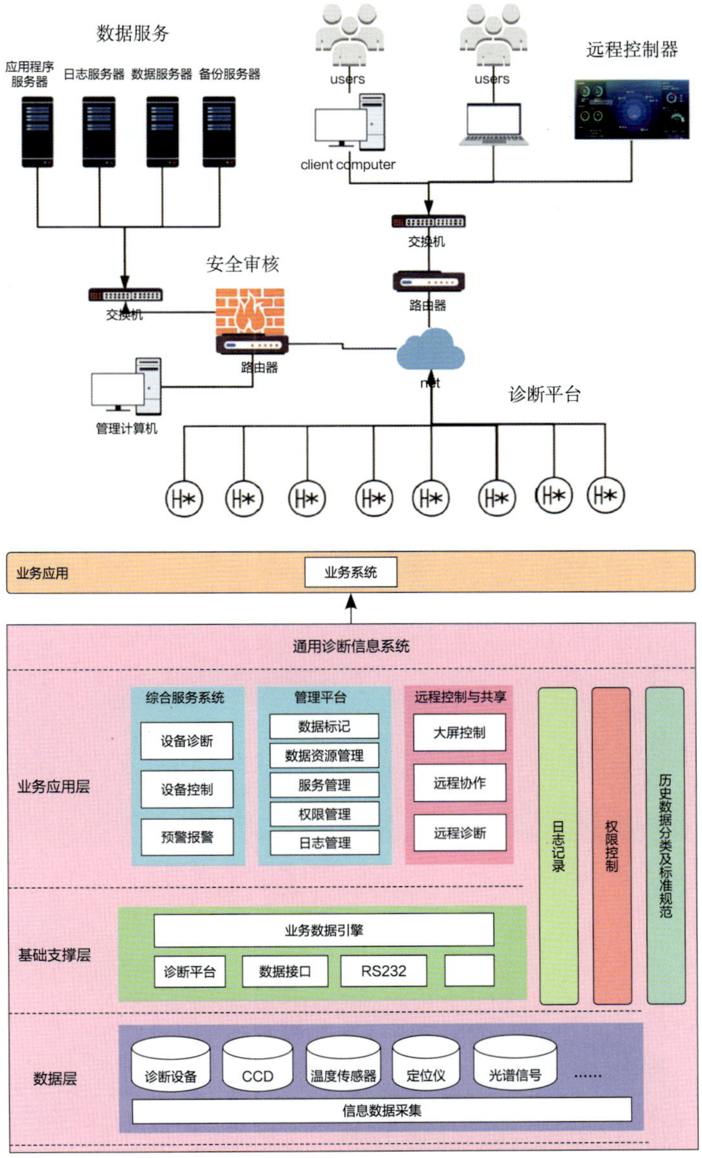

图 2-100 软件网络总体架构设计

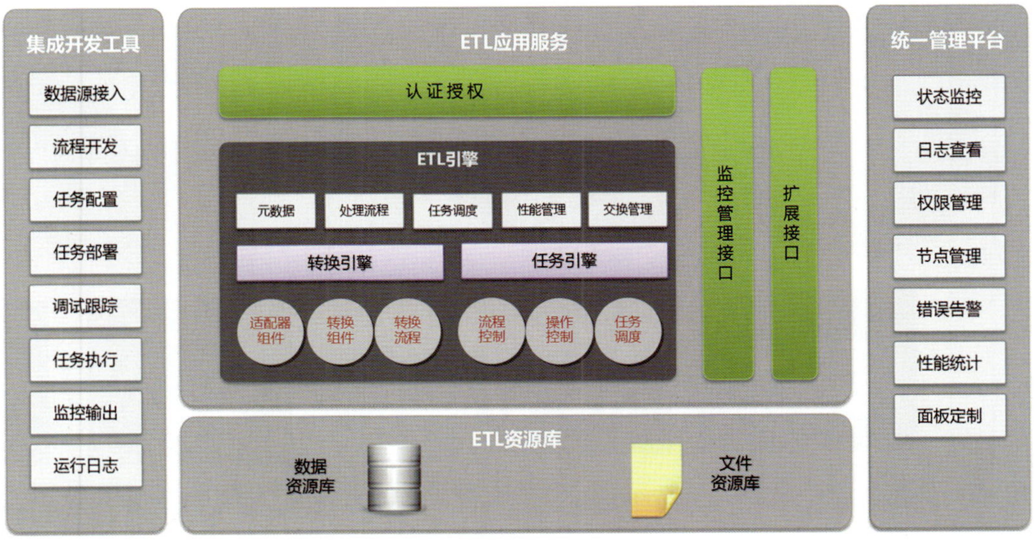

图 2-101 智能数据集成设计

图 2-102 模型加工

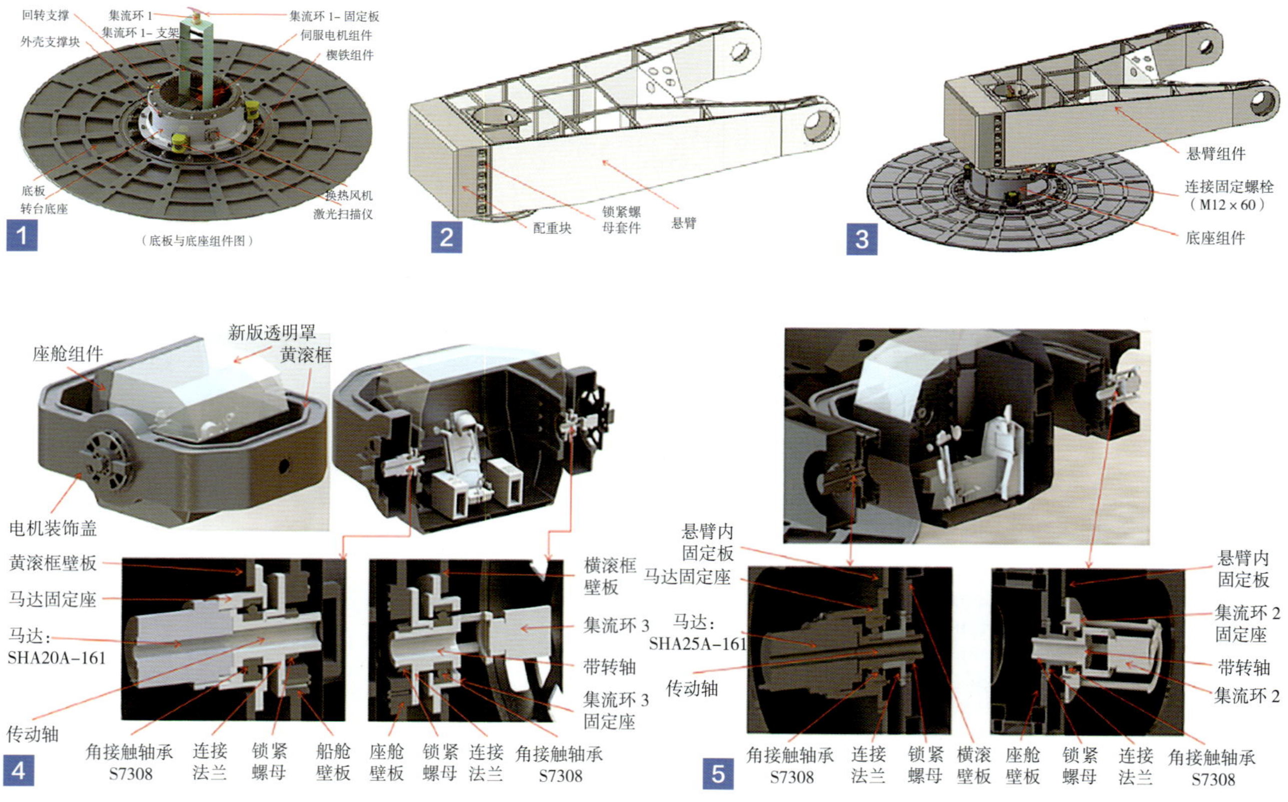

图 2-103-1

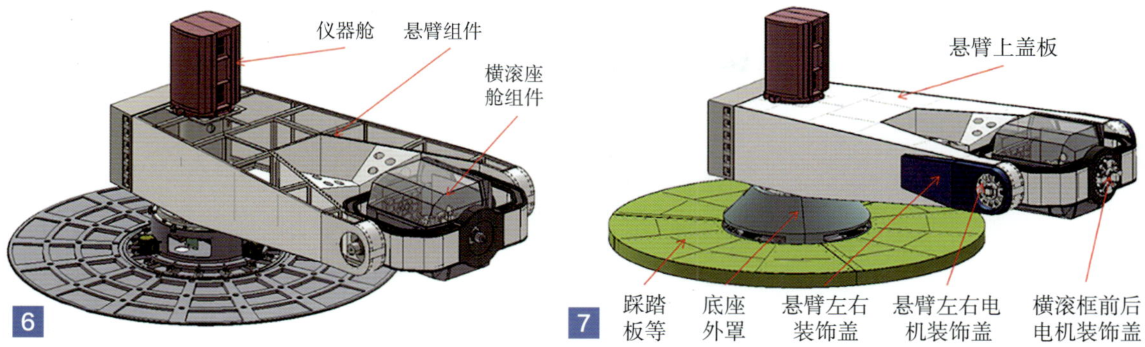

6.7、贴标识（装调完成）

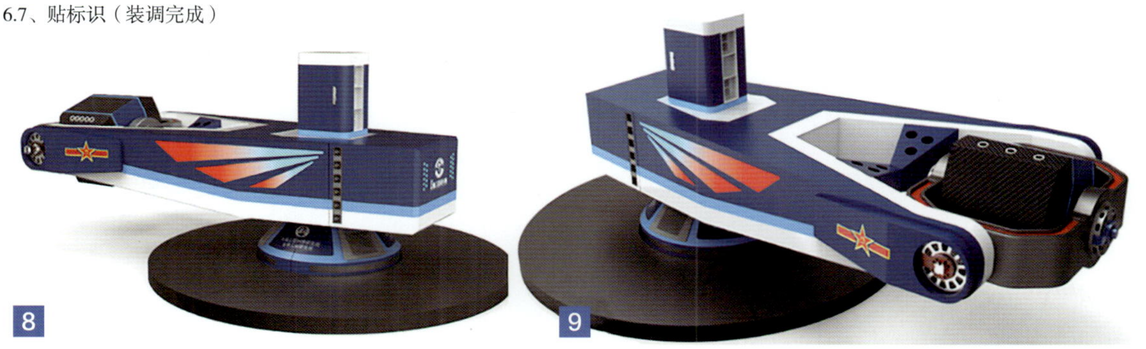

图 2-103-2
图 2-103 安装调试

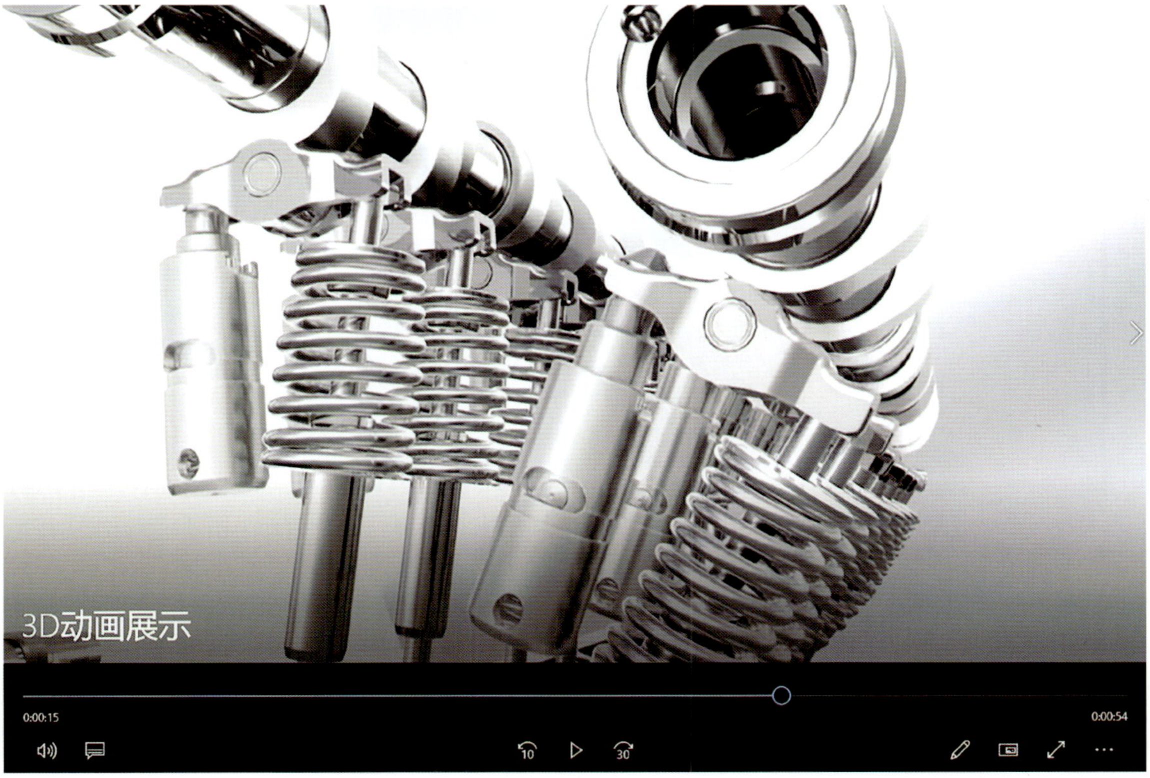

图 2-104 功能动效动画仿真 1

图 2-105 功能动效动画仿真 2

图 2-106 产品使用展示

2.6 设计案例——学生案例

2.6.1 便携式家用灭火器

院　　校：绵阳职业技术学院

设 计 者：陈文、李思艺

设计指导：韩尧、庞力源、牟云

设计解读：该作品将常规灭火器与“摆件”相结合，不仅保留了灭火器的核心功能——紧急情况下的火灾扑救，还通过仿生植物的添加，赋予了产品独特的装饰性。隐藏式可拉伸把手、隐藏式气压表及开关防误触的设计，不仅保持了产品外观的整洁与简约，还有效避免了日常使用中可能因误触而引发的安全问题。使用时通过扭动顶部激活开关的简单操作，即可迅速进入工作状态，这一设计大大简化了紧急情况下的操作步骤，提高了灭火效率。同时，底部可旋转拧开的设计使用户可以方便地取出灭火球，从而根据火势情况调整灭火方式，进一步增大了灭火范围，提升了产品的实用性。产品整体外形简约，适用于现代多种装修风格。（图 2–107）

图 2–107 便携式家用灭火器

2.6.2 时钟——红色文创

院　　校：绵阳职业技术学院

设 计 者：詹艳

设计指导：韩尧

设计解读：该作品以红军水壶为灵感进行产品设计，不仅是对革命历史的致敬，更是将红色文化元素融入现代产品设计中的一次尝试。将水壶外形与家用时钟结合，这一创意更是寓意着无论时代如何变迁，我们都应当时刻不忘红军精神。其中壶口巧妙地设计为时钟的调节旋钮，这一细节处理既体现了设计的巧妙性，又增强了产品的实用性。产品在保持红军水壶经典外形的基础上，融入了现代时钟的设计元素，整体造型既具有历史感又不失时尚气息。（图 2-108）

图 2-108 时钟——红色文创

2.6.3 水滴空气净化器

院　　校：绵阳职业技术学院

设 计 者：华蕊

设计指导：韩尧

设计解读：该作品以水滴为灵感，将自然元素与科技产品巧妙融合，通过小巧便携的设计和极简风格的运用，打造出了一个既美观又实用的空气净化器。（图 2−109）

图 2−109 水滴空气净化器

2.6.4 柠檬智盒

院　　校：绵阳职业技术学院

设 计 者：郭玲、姜珊

设计指导：韩尧、牟云、庞力源

设计解读：该作品造型灵感源自切开的柠檬片，正面取整体造型的四分之一作为散热孔，这一设计既保留了柠檬片形态的美感，又有效地解决了电器散热的实际问题。作品在背面设计了壁挂孔和防滑橡胶垫，这样使产品既可以挂在墙上节省空间，又可以在需要时平放置在桌面或其他平面上。顶部设计了隐藏式壁挂孔，这一细节处理不仅保持了产品外观的整洁和美观，还避免了在壁挂时破坏墙面的问题。（图 2−110）

图 2−110 柠檬智盒

2.6.5 乐贝书包

院　　校：绵阳职业技术学院

设 计 者：刘文、唐鑫林

设计指导：韩尧

设计解读：该作品将儿童书包与滑板这两个看似不相关的物品进行合理结合，创造出了一种全新的产品——滑板书包。这一设计理念不仅解决了儿童背负沉重书包所带来的双肩压力问题，还巧妙地融入了娱乐元素，增加了使用的乐趣和便捷性。为孩子们的上下学之路带来了全新的体验。（图 2-111）

图 2-111 乐贝书包

2.6.6 蜂巢——城市风电

院　　校：绵阳职业技术学院

设 计 者：汪山山

设计指导：韩尧、牟云、庞力源

设计解读：该作品设计出发点是将高速列车行驶过程中形成的风能转化为电能，例如高铁、地铁、城际列车等在高速行驶中，会带动空气流动产生大量风能。通过城市风电产品将风能转化为电能，其转化得到的电能一方面可以将其售卖给电网公司，为城市提供清洁、可再生的电力资源；另一方面，也可以将其用于支持城市公共设施的运行，如路灯、广告牌等，或者为特定商业活动提供电力支持。（图 2-112）

图 2-112 蜂巢——城市风电

2.6.7 袋鼠——车载吸尘器

院　　校：绵阳职业技术学院

设 计 者：张馨元

设计指导：韩尧

设计解读：该作品的设计灵感来源于袋鼠的流线型体态，其创新设计打破了传统设计的束缚，形成了鲜明的差异化特点。其流线型的设计减少了空气阻力，使吸尘器在车内移动更为便捷，赋予了产品独特的视觉美感。产品不仅有很强的实用性也有很好观赏性。（图2-113）

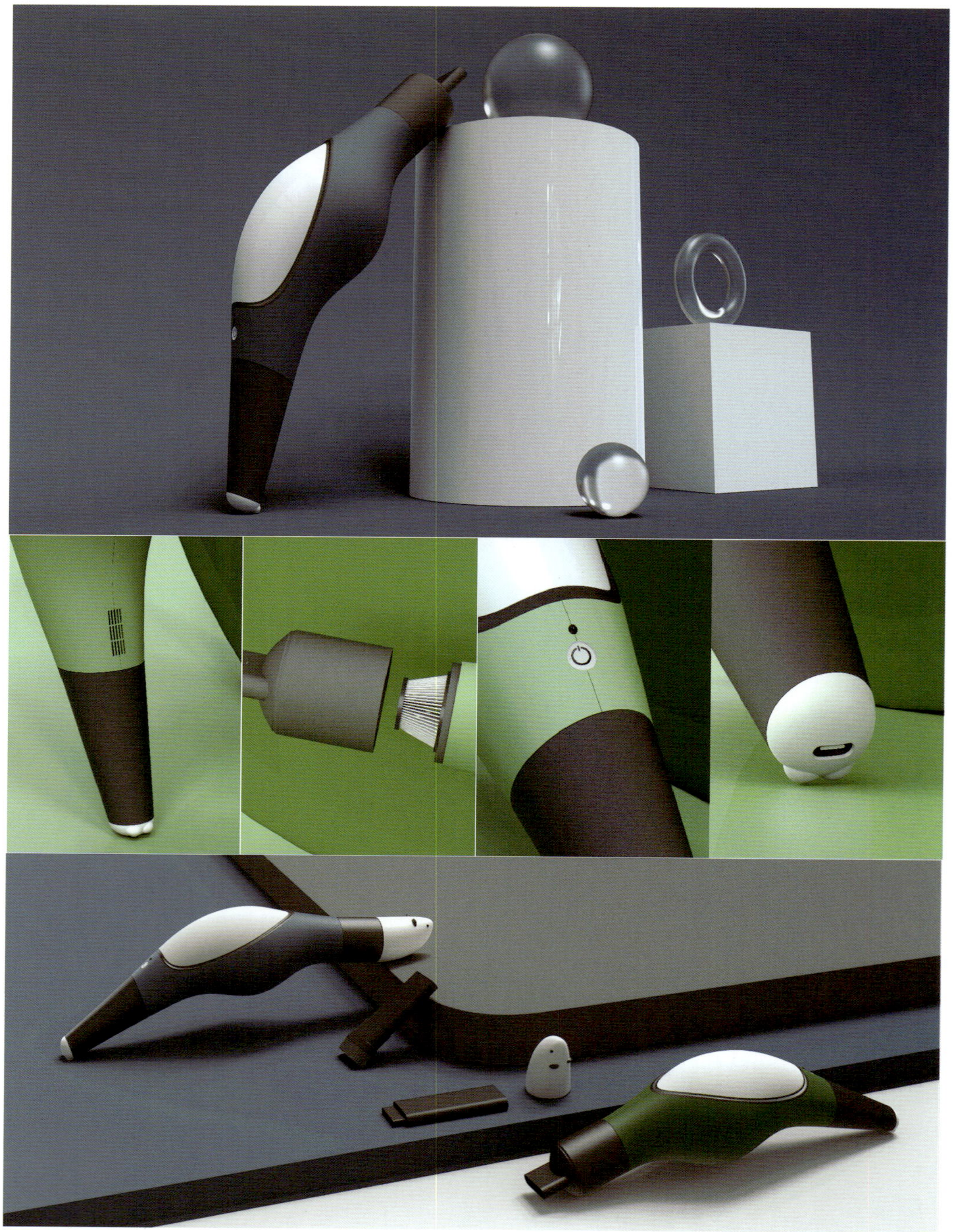

图 2-113 袋鼠——车载吸尘器

2.6.8 便携带烹饪台

院　　校：绵阳职业技术学院

设 计 者：赵界宇

设计指导：韩尧

设计解读：该作品将传统烹饪器具进行创新性改造，使其在保证基本烹饪功能的前提下，实现了便携性、易用性和耐用性的完美结合。通过优化设计结构、选用轻质材料、集成多功能模块等方式，打造出了适合户外使用的烹饪平台。这样的设计不仅满足了人们在户外活动中对烹饪器具的需求，还提升了户外烹饪的便捷性和乐趣性。（图 2-114）

图 2-114 便携带烹饪台

2.6.9 搜救奇兵

院　　校：绵阳职业技术学院
设 计 者：余梅英、董新月
设计指导：韩尧
设计解读：该作品设计灵感源自蜜蜂，其身形小巧能够轻松进入震后倒塌的房屋、狭小的空隙等难以到达的区域。它在保留现有救援无人机基本功能的基础上，增加了实用功能，如生命体征探测、地形测绘、实时通信等，提升了搜救效率和准确性。该无人机能够灵活穿梭于复杂环境，高效辅助救援人员完成搜救和勘测任务，为灾后救援工作提供有力支持。（图 2–115）

码 2-7 搜救奇兵

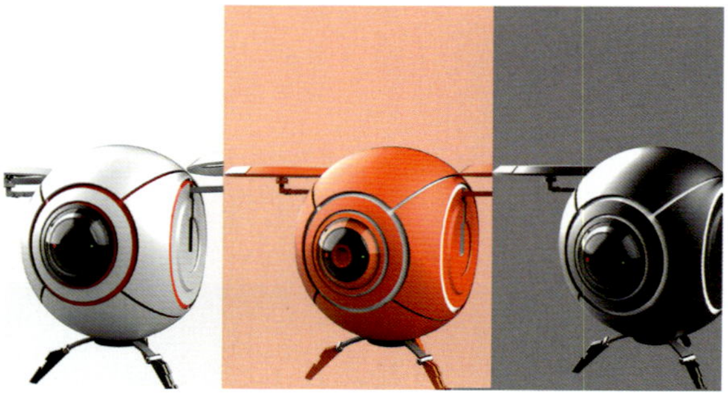

图 2-115 搜救奇兵

2.7 拓展学习

2.7.1 著名工业设计师——迪特 · 拉姆斯

迪特 · 拉姆斯（Dieter Rams）是德国著名工业设计师，1932 年出生于德国黑森邦威斯巴登市。早年学习木匠技艺，这段经历不仅锻炼了他的手工艺能力，也培养了他对材料和结构的深刻理解。随后，他转而学习建筑，并在毕业后进入了一家建筑事务所工作。然而，命运的转折发生在 1955 年，他意外地加入了博朗公司，从此开始了他的工业设计生涯。

“迪特 · 拉姆斯”字面上给人的印象只是一个很普通的名字——尽管人们并没有意识到 20 世纪 50 年代开始，家用电器开始进入大众生活，其中很多经典就是出自他手。他带领他的设计团队把品质优秀、设计精良的产品带入千家万户，从剃须刀到录放机，计算器到闹钟，腕表到收音机，拉姆斯为德国著名家用电器厂商博朗设计的这些产品凭借超群的品质和优雅的功能成为家用电器的标杆。

迪特 · 拉姆斯不仅在产品设计上取得了卓越成就，他还将系统设计方法在实践中逐渐完善，并推广到家具乃至建筑设计领域。他强调设计的整体性和协调性，使整个空间呈现出有条不紊、严格单纯的德国设计风格。他的设计理念“少，却更好”（Less, but better），与现代主义建筑大师密斯 · 凡 · 德 · 罗的“少即是多（Less is more）”相对比，体现出有趣的意涵。他提出的“好设计的 10 个原则（Ten principles for good design）”对如今的产品设计，甚至界面交互设计依旧具有指导意义。他与他的设计团队为博朗设计出许多经典产品，包括著名的留声机 SK-4（素有“白雪公主之棺”的昵称），高品质的 D 系列幻灯片投影机 D45、D46 等。他还为家具制造商 Vitsoe 设计了 606 万用置物柜系统（1960 年）而闻名。

迪特 · 拉姆斯的设计遗产无疑是工业设计史上的一笔宝贵财富。他的众多设计作品，如收音机、咖啡机、计算机等视听设备、家电产品与办公产品，不仅在当时引领了设计潮流，更因其卓越的品质和独特的设计理念而成了永恒的经典。这些作品被包括纽约现代艺术博物馆在内的世界各地博物馆永久收藏。他领导博朗的设计部门将近 30 年，直到 1998 年退休他的影响力也并未因此减弱，反而持续受到设计界的高度关注。他的作品回顾展览在世界各地巡回展出，让更多的人有机会近距离感受这位设计大师的风采。2010 年，科隆国际设计学校的学生颁发“Kölner Klopfer”奖项予迪特 · 拉姆斯，这一奖项的颁发，再次证明了迪特 · 拉姆斯在设计领域的崇高地位和深远影响。

2018 年迪特 · 拉姆斯个人纪录片 *Rams* 发行，其详细介绍了迪特 · 拉姆斯的生平、设计理念、设计作品和设计成就。

2.7.2 著名产品设计师与国内优秀设计公司介绍

码 2-8 著名产品设计师介绍

码 2-9 国内优秀设计公司介绍

工业设计是在工业革命后，随着社会分工更加精细，逐渐形成的专业。在较短的发展历史中，出现了多位著名的工业设计师，他们用自己的灵感和创意不断推动着工业设计的进步，并设计了众多的经典作品。这里收集整理了迪特 · 拉姆斯（Dieter Rams）、菲利普 · 斯塔克（Philippe Starck）、洛斯 · 拉古路夫（Ross Lovegrove）、深泽直人（Naoto Fukasawa）、贾斯帕 · 莫里森(Jasper Morrison)、柴田文江、凯瑞姆 · 瑞席（Karim Rashid）、佐藤大（Oki Sato）八位著名工业设计师的简介和经典作品，还整理了 YANG DESIGN、洛可可创新设计集团、深圳市嘉兰图设计有限公司、浪尖设计集团有限公司、广州市大业产品设计有限公司、深圳市四六区工业产品策划有限公司、杭州飞鱼工业设计有限公司、木马工业设计集团八家国内优秀设计公司的简介和典型作品，供大家学习交流，如果想更加全面地了解这些设计师的生涯和设计理念及每件作品的设计过程等，可以使用其他途径进行深入学习了解。

2.7.3 优秀创意设计作品案例

码 2-10 优秀学生作品

学习优秀创意设计作品是快速提升设计思维和设计能力的一种有效方式，二维码中收集整理了大量优秀创意设计作品，其创意构思巧妙，视觉表现效果好，值得我们仔细学习、研究和借鉴。

2.8 项目评价与总结

项目最终的评分由任课教师评分、企业设计师或其他专业教师评分、学生互评分数三部分构成，分数占比分别为 50%、30%、20%。评价体系和评价标准仅作为参考。（表 2–2 至表 2–4）

表 2–2 《产品创意设计》课程项目教师（企业设计师）评价表

评价主要参考标准：1. 产品创新性；2. 设计视觉表达；3. 产品的结构、材料工艺等生产要素；4. 设计过程；5. 演讲效果。				
序号	作品名称	设计师	分数	备注

表 2–3《产品创意设计》课程项目学生互评表

评价主要参考标准：1. 产品创新性；2. 设计视觉表达；3. 产品的结构、材料工艺等生产要素；4. 演讲效果。				
序号	作品名称	设计师	分数	备注

表 2-4 学生自我分析与总结表

收获与总结：	存在的主要问题：
改进提高计划：	

模块 3

全友家居设计实践

3.1 学习目标

3.2 教学要求和方法

3.3 项目任务

3.4 项目实施

3.5 项目评价与总结

CHANPIN CHUANGYI SHEJI 产品创意设计

本模块以全友家居设计实践为主题，通过典型任务流程培养学生职业岗位的核心能力，注重学生的创新能力、团队协作能力的培养。

3.1 学习目标

3.1.1 知识目标

1. 掌握产品设计基本概念；
2. 掌握家居产品设计流程和方法；
3. 掌握常用的家居产品创新设计方法。

3.1.2 技能目标

1. 家居产品设计调研和设计分析；
2. 方案创意构思与方案草图表现；
3. 多轮方案评议与方案优化修改；
4. 方案模型制作与方案评估；
5. 方案三维数字建模和方案渲染表现；
6. 多轮三维数字建模、渲染评议与修改；
7. 方案展示设计及成果汇报。

3.1.3 能力目标

1. 交流沟通与团队协作能力；
2. 独立分析和思考问题并提出解决方案；
3. 严谨的科学态度和创新思维；
4. 综合使用专业软件进行设计表现；
5. 具有良好的口头表达能力和职业素养。

3.2 教学要求和方法

课程理论部分采用多媒体集中授课方式，实践教学部分采取分组研讨、实操等方式，可以结合中国慕课网《家具造型设计》在线课程进行线上下线混合式教学，并适时结合企业现场教学及名师讲座开展课程教学和实践。在教学中多采用案例教学，案例尽量新颖，紧跟设计潮流和设计趋势，因材施教，多种教学手段结合，设计作品符合市场和用户需求，且具有创新性。

3.3 项目任务

家具设计实践模块内容是与全友家私有限公司校企合作共同编撰完成，共同编制设计流程、设计任务及设计要求等，并结合全友设计实际案例进行了说明。

3.3.1 设计任务

根据全友家居现有家具风格进行家具设计，产品类型不限，可自主选择，可做单件，也可做系列化家具设计。在确定好选题后，按照产品设计典型任务流程，完成调研与分析、产品策划、概念构思、方案评议与修改、手绘方案效果图、方案草模制作、建模与修改、效果图制作、产品展示、汇报与评价十大典型任务，完成整个设计项目。

3.3.2 任务目标

任务目标须符合国家产业政策及有关技术、标准等规定，符合低碳、绿色、环保设计理念；在功能、结构、技术、形态、材料、工艺、节能、环保、人机交互等方面有较大创新；作品应重点考虑设计方案的可行性。

3.4 项目实施

本模块家具设计项目实战程序与产品创意设计实战程序类似，本模块就不再具体展开示范，可参照创意产品设计实践项目设计实践程序，结合自选项目与《家具造型设计》在线课程变通实施。

《家具造型设计》在线课程说明

《家具造型设计》课程采用校企共建模式，与全友家居深度开发，采用企业通用的项目设计流程，始终将设计流程融入课程的教学环节。采取项目组式分工合作，结合团队成员的优势、兴趣进行选题，可最大限度地调动学生的积极性。同时，通过合作能够逐步促使学生形成团队意识、锻炼协作能力，并帮助学生进行产品设计师角色的转换，强化项目成果与项目实施过程中的能力培养，项目实践各环节可针对性地锻炼学生科学性、创造性和规范性的专业职业能力。

本课程主要从家具造型设计分析、设计构思、设计展开、设计效果表现及展示等模块进行讲授。课程打破了传统的理论式教学方法，以家具造型设计师职业能力为依据，以完成实际项目设计任务为主线，将理论与实践融会贯通展开教学；课程不仅要学习家具造型、功能、材料、结构等知识，还要学习家具设计的流程、家具与人机的关系；课程不是孤立地去探讨、讲授家具造型设计，而是把家具置于人—物—环境—生活之中，分析家具、家居、人，以及生活方式之间的关系，从而发现家具之美，创造美好生活。

家具造型方法的实施要点

3.4.1 风格设计法

风格设计法是以不同风格的设计特点和设计元素进行创意构思的一种设计方法，在实际设计中很实用，可以根据用户的风格喜好，提炼元素、特点，包括该风格常用的结构形式、配色、造型方式、材料工艺等，根据实际的设计需求进行创意构思，综合设计形成新的设计方案。例如家具设计中的新中式设计风格，在造型上主要以方圆为要素，整体形态简约，以榫卯和现代机械结构为主，材质以实木为主，在设计细节上常有中式家具的装饰纹样。

（1）实施案例——简约北欧单人沙发椅

此款简约北欧风格的单人沙发椅，以其独特的包裹状设计、圆柱状扶手、不锈钢与木材的完美结合，以及柔软的布料表面材料，不仅能够为居住空间增添一份温馨与雅致，更是人们放松身心、享受生活的理想选择。（图 3-1 至图 3-3）

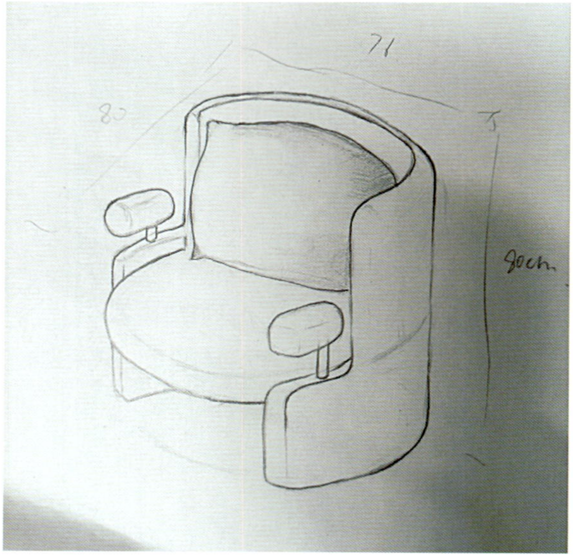

图 3-1 简约北欧单人沙发椅设计草图（2019 级 平雅婷）

图 3-2 简约北欧单人沙发椅 1（2019 级 平雅婷）

图 3-3 简约北欧单人沙发椅 2（2019 级 平雅婷）

（2）实施案例——新中式风格家具设计系列作品

新中式风格家具设计系列作品以中国传统家具为设计灵感源泉，通过融合传统与现代的设计理念、造型符号、元素、结构、材料和工艺等方面，实现了对传统中式家具的创新传承和发展。这种创新传承的方式不仅满足了现代人对传统文化的向往和追求，也推动了新中式家具设计的不断发展和完善。（图 3-4 至 3-30）

图 3-4 "仕女"梳妆系列 1（2021 级 何蜻蜓）

图 3-5 “仕女”梳妆系列 2（2021 级 何蜻蜓）

图 3-6 “合”系列家具 1（2021 级 李美霖）

图 3-7 “合”系列家具 2（2021 级 李美霖）

图 3-8 “合”系列家具 3（2021 级 李美霖）

图 3-9 “合”系列家具 4（2021 级 李美霖）

图 3-10 “合”系列家具 5（2021 级 李美霖）

图 3-11 “合”系列家具 6（2021 级 李美霖）

图 3-12 松雅系列家具 1（2021 级 孙雨柔）

图 3-13 松雅系列家具 2（2021 级 孙雨柔）

图 3-14 松雅系列家具 3（2021 级 孙雨柔）

图 3-15 松雅系列家具 4（2021 级 孙雨柔）

图 3-16 松雅系列家具 5（2021 级 孙雨柔）

图 3-17 松雅系列家具 6（2021 级 孙雨柔）

图 3-18 松雅系列家具 7（2021 级 孙雨柔）

码 3-1 “仕女”梳妆凳

码 3-2 拐椅

图 3-19 墩鸿系列家具 1（2021 级 王佳）

图 3-20 墩鸿系列家具 2（2021 级 王佳）

图 3-21 墩鸿系列家具 3（2021 级 王佳）

码 3-3 家居椅

码 3-4 露滴系列家具

码 3-5 名画系列家具

图 3-22 墩鸿系列家具 4（2021 级 王佳）

图 3-23 墩鸿系列家具 5（2021 级 王佳）

图 3-24 墩鸿系列家具 6（2021 级 王佳）

图 3-25 墩鸿系列家具 7（2021 级 王佳）

图 3-26 墩鸿系列家具 8（2021 级 王佳）

图 3-27 墩鸿系列家具 9（2021 级 王佳）

图 3-28 墩鸿系列家具 10（2021 级 王佳）

图 3-29 墩鸿系列家具 11（2021 级 王佳）

图 3-30 墩鸿系列家具 12（2021 级 王佳）

3.4.2 仿生设计法

仿生设计种类繁多，有形态仿生、功能仿生、结构仿生、色彩肌理仿生。家具造型仿生设计主要是采用形态仿生，而形态仿生又分为具象仿生和抽象仿生。

具象仿生是对模仿对象的外在特征进行直接模仿和借鉴，以追求设计作品和模仿对象之间外形特征的形式相似为主要目标的设计手法。具象一般是指人物、动物、植物等客观存在的形态，是根据视觉经验可以识别、辨别的形体，因此，具象仿生强调的是一目了然式的识别性和认同感，使产品的形体具有情趣，活泼可爱。具象仿生设计在儿童家具造型设计中使用较多。

抽象仿生是在对模仿对象的内在神韵或外在形象特征进行提炼、概括基础上的模仿和借鉴，它强调的是对被模仿对象内在神韵的把握和传达，以及在似与不似之间的微妙平衡。抽象仿生的形态具有如下两个特点：一是抽象仿生的形态具有高度的概括性，在研究形态时，设计者从知觉和心理角度将形象特征进行提炼、概括，再通过形态抽象变化，用点、线、面的组合来再现模仿对象。例如国内实木家具品牌梵几的经典作品——螳螂椅，其以螳螂为椅子造型设计灵感，精制的扶手曲线像极了螳螂的前足，顶部两耳微微突出，像昆虫直立的触角，将动物栩栩如生的形体与现代中式风格融会贯通，造就了仿生写意的东方气韵。二是同一具象形态的抽象仿生形态具有多样性，设计者在对同一具象形态进行抽象化的过程中，由于生活经验、抽象方式方法及表现手法的不同，抽象化所得到的形态也有较大的差异，所呈现出的特征也丰富多样。

（1）实施案例——蝶翼系列家具

本系列家具设计的灵感源于蝴蝶翅膀，通过精心设计的自然弧度与流畅的线条，赋予了家具以生命般的灵动与优雅。作品以躺椅、沙发和茶几三件一套的形式呈现，其采用相似的设计元素，统一且美观，可用于小阳台或露天小平台、大型室外娱乐场所、家庭室内室外等环境。主体结构选用木材制作，坐垫部分则采用了布类工艺，这种设计不仅提升了舒适度，还兼顾了美观与实用性。（图 3-31 至图 3-35）

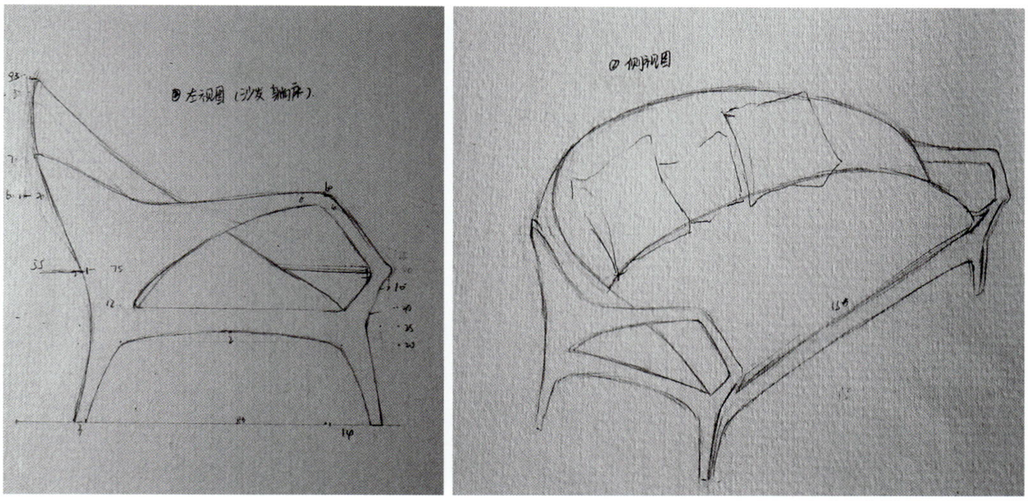

图 3-31 蝶翼系列家具设计草图（2018 级 华蕊）

图 3-32 蝶翼系列家具 1（2018 级 华蕊）

图 3-33 蝶翼系列家具 2（2018 级 华蕊）

图 3-34 蝶翼系列家具 3（2018 级 华蕊）

图 3-35 蝶翼系列家具 4（2018 级 华蕊）

（2）实施案例——兔子休闲椅

该作品将兔子的具象形态应用到休闲椅造型设计中，整体结构简洁，配色鲜艳活泼，给人以轻松愉快的休闲感。（图 3-36）

图 3-36 兔子休闲椅（2019 级 罗琴）

（3）实施案例——水母凳

该作品将水母形态抽象出来，结合凳子的人机尺寸进行设计构思，使用体和线的方式再现水母意象，采用彩色玻璃材质，将水母的晶莹透明感表现得淋漓尽致。（图 3-37、图 3-38）

图 3-37 水母凳 1（2019 级 吴沄依）

图 3-38 水母凳 2（2019 级 吴沄依）

3.4.3 家具立体构成设计法

家具立体构成设计法是家具造型设计中很重要的一种基础设计方法，也称为几何形态造型设计法，是通过点、线、面、体为设计元素进行创意设计和方案构思。在现代很多家具设计中都有应用，其可以是点、线、面、体单个元素的运用，也可以是多个元素的综合运用。

（1）实施案例——模块化家具设计

该作品以长方体为基本造型体单体，中间掏空，上下内外做了连接槽，通过连接槽实现模块之间的连接，且可以根据实际使用情境自由组合成多种不同形态的家具。（图 3-39、图 3-40）

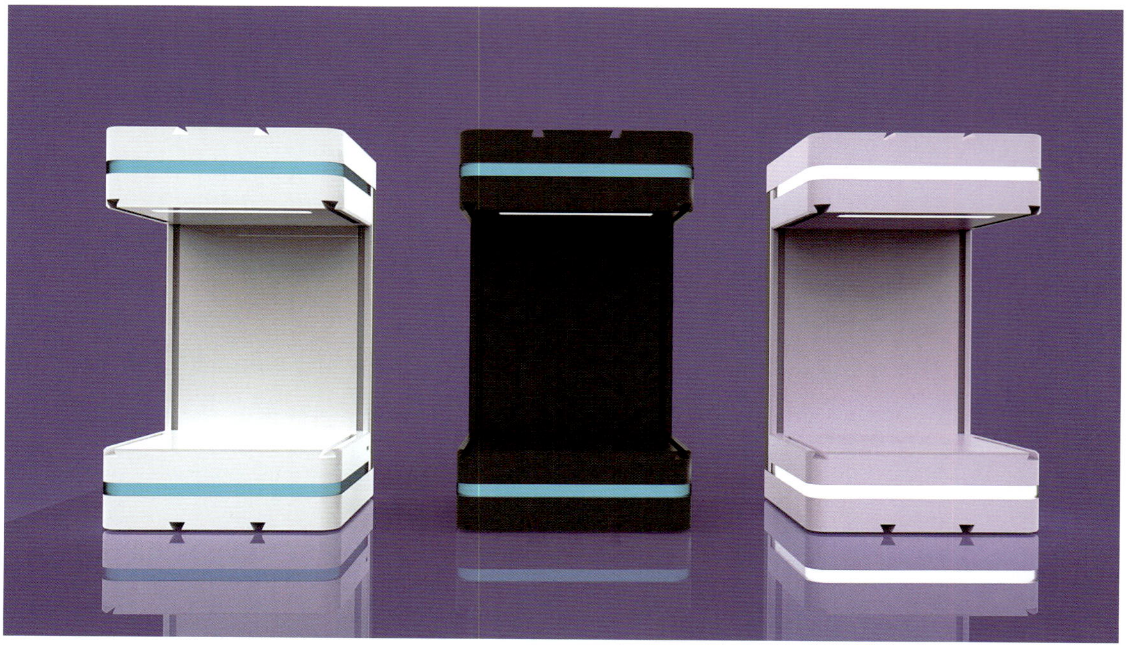

图 3-39 模块化家具设计 1（2019 级 赖冬林）

图 3-40 模块化家具设计 2（2019 级 赖冬林）

（2）实施案例——“线”椅

该作品以线为设计元素，通过一条线完成了一把椅子的设计，整体造型新颖且简洁。（图 3-41 至图 3-43）

图 3-41 “线”椅 1（2019 级 罗转连）

图 3-42 “线”椅 2（2019 级 罗转连）

图 3-43 线椅 3（2019 级 罗转连）

（3）实施案例——立椅

该作品以面和长方形块状体为元素，侧面形态交叉呈三角形，稳固且结实。（图 3-44 至图 3-46）

图 3-44 立椅 1（2020 级叶心云）

图 3-45 立椅 2（2020 级叶心云）

图 3-46 立椅 2（2020 级叶心云）

（4）实施案例——圆木吧椅

该作品将线、面、体综合应用，整体以圆为设计核心，整体比例协调且极富美感。（图3-47、图3-48）

图 3-47 圆木吧椅 1（2018 级 华蕊）

图 3-48 圆木吧椅 2（2018 级 华蕊）

（5）实施案例——玻璃组合茶几

该作品以线和面为设计元素，整体造型为长方体框架，同时配合色彩和材质的设计，作品简洁现代且富有装饰性。（图 3–49 至图 3–51）

图 3-49 玻璃组合茶几 1（2019 级 周思尧）

图 3-50 玻璃组合茶几 2（2019 级 周思尧）

图 3-51 玻璃组合茶几 3（2019 级 周思尧）

（6）实施案例——胶椅

该作品以线、面、体为元素进行创意设计，将靠背、前腿和后腿衔接在了一起，使曲线看起来格外流畅，前腿与后腿之间设计了撑结构，衔接处进行圆弧形处理。底部坐垫采用榫卯结构，稳定性强，靠背部分根据人体背部的尺寸比例和曲线特征，设计了适合的弧度，使人坐上去后坐垫弧口与背部曲线完美贴合。产品采用透明亚克力材质制成，韧性好，不易破损且修复性强，椅子整体轻便，容易拿取，且冬季没有冰凉刺骨之感；同时，产品色彩鲜艳，可满足不同品位的个性追求。采用亚克力制作的产品不仅款式精美，经久耐用，而且健康环保。（图 3–52 至图 3–55）

图 3–52 胶椅 1（2020 级 谢睿）

图 3–53 胶椅 2（2020 级 谢睿）

图 3-54 胶椅 3（2020 级 谢睿）

图 3-55 胶椅 4（2020 级 谢睿）

图 3-56 简约现代椅 1（2018 级 王超琼）

（7）实施案例——简约现代椅

该作品的设计灵感源自树，以树枝从树干自然生长为创作核心，让椅腿从椅子主体部分自然生长出来，作品自然流畅且整体感强。（图 3-56 至图 3-58）

图 3-57 简约现代椅 2（2018 级 王超琼）

图 3-58 简约现代椅 3（2018 级 王超琼）

3.4.4 有机形态设计法

有机形态设计是一种以曲线、流线型和非直线元素为主导的设计风格，它深受自然界中生物形态的影响，尤其是动植物的形态和生长方式为灵感来源。这种设计风格强调与自然的和谐共生，追求形态的自然流畅与生命的律动，为家具及其他产品设计领域带来了全新的视角和灵感。

有机形态设计风格可以追溯到“新艺术运动”，其典型的纹样都是从大自然中抽象出来的，充满了流动的形态和交织蜿蜒的曲线，且具有活力。如法国设计师赫克托·吉马德为巴黎地铁设计的入口的经典案例，其栏杆、灯柱等采用了起伏卷曲的植物纹样作为装饰元素，如藤蔓、花朵等自然形态，赋予了地铁入口以生命力和动感。西班牙建筑设计师安东尼·高迪也是有机形态建筑的实践者，他的设计充满了浪漫主义的幻想，吸取东方风格和哥特式风格，结合自然的有机形态，以强烈的扭曲的形式来表现建筑的动感与活力，体现了建筑的生命力，如著名作品有古埃尔公园、米拉公寓、巴特罗公寓、圣家族大教堂等。

家具设计中埃罗·沙里宁的“郁金香椅”、维纳尔·潘顿设计的“潘顿椅”都是经典的有机形态作品。爱尔兰家具设计师约瑟夫·沃尔在家具设计中完全使用曲线进行设计，创作了众多作品。工业设计师洛斯·拉古路夫是当代著名的有机形态设计大师，设计了超自然椅、自然定律系列家具、硅藻扶手椅等作品。

在家具设计创意构思时，可以收集自然界中的动物、植物、有机形态物体等资料作为设计参考，收集和了解不同设计行业中有机形态设计师，如约瑟夫·沃尔、洛斯·拉古路夫、扎哈·哈迪德、马岩松等的有机曲线作品，并从中汲取灵感进行创意构思。

（1）实施案例——席椅

该作品将线条的流线型和简洁融为一体呈现出简约且圆润的椅子风格。（图 3-59 至图 3-61）

图 3-59 席椅 1（2020 级 蒲艺）

图 3-60 席椅 2（2020 级 蒲艺）

图 3-61 席椅 3（2020 级 蒲艺）

（2）实施案例——“奔跑”系列家具

该作品将动物运动时的姿态和曲线应用到家具中，将动物奔跑时的形态和“势”融入家具设计中，使静置的家具“动”了起来，实现了动与静的完美融合，打破了传统家具设计的常规模式。在设计过程中，设计师巧妙地增加了曲线的幅度和张力，并通过对轮廓线条的浓缩，使作品更具观赏性。（图 3–62 至图 3–66）

图 3-62 “奔跑”系列家具 1（2020 级 罗牝珠）

图 3-63 “奔跑”系列家具 2（2020 级 罗牝珠）

图 3-64 “奔跑”系列家具 3（2020 级 罗牝珠）

图 3-65 “奔跑”系列家具 4（2020 级 罗牝珠）

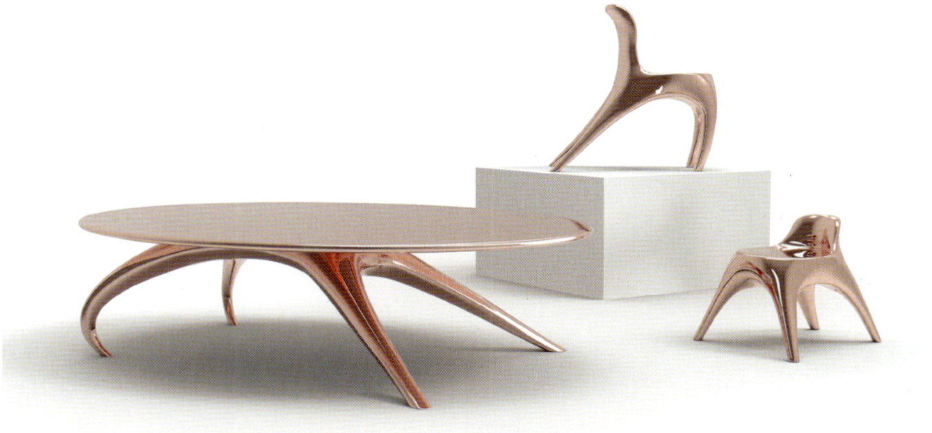

图 3-66 “奔跑”系列家具 5（2020 级 罗牝珠）

（3）实施案例——“流动”系列家具

该作品的创作主题为“流动的曲线”，作品是从自然之美、建筑艺术、数学中的莫比乌斯环等流动的曲线中汲取灵感而创作的。（图 3–67 至图 3–74）

图 3-67 “流动”系列家具 1（2020 级 王鑫宇）

图 3-68 “流动”系列家具 2（2020 级 王鑫宇）

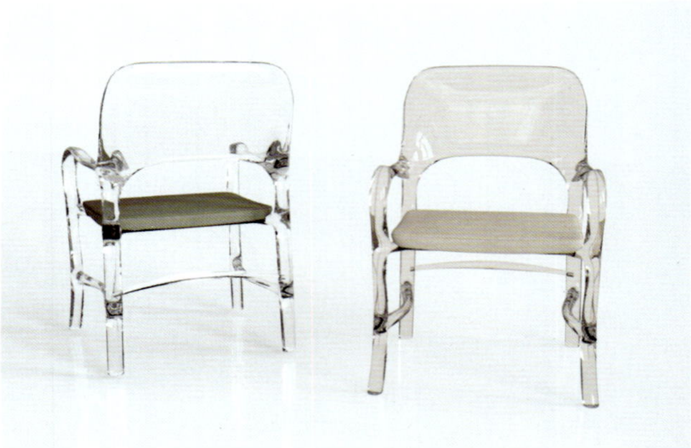

图 3-69 “流动”系列家具 3（2020 级 王鑫宇）

图 3-70 “流动”系列家具 4（2020 级 王鑫宇）

图 3-71 “流动”系列家具 6（2020 级 王鑫宇）

图 3-72 “流动”系列家具 7（2020 级 王鑫宇）

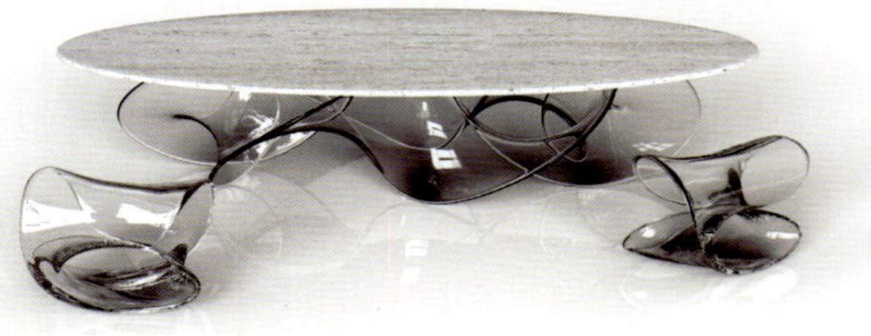

图 3-73 “流动”系列家具 8（2020 级 王鑫宇）

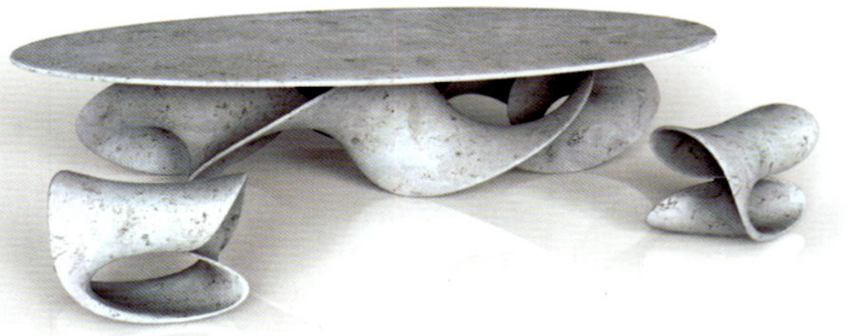

图 3-74 “流动”系列家具 9（2020 级 王鑫宇）

（4）实施案例——有机系列家具

该系列作品以自然世界中有机曲线为设计灵感，将自然界中流动的、蜿蜒的、柔和的感觉融入家具设计中。（图 3–75 至图 3–88）

图 3-75 有机系列家具 1（2021 级 苏朝红）

图 3-76 有机系列家具 2（2021 级 苏朝红）

图 3-77 有机系列家具 3（2021 级 苏朝红）

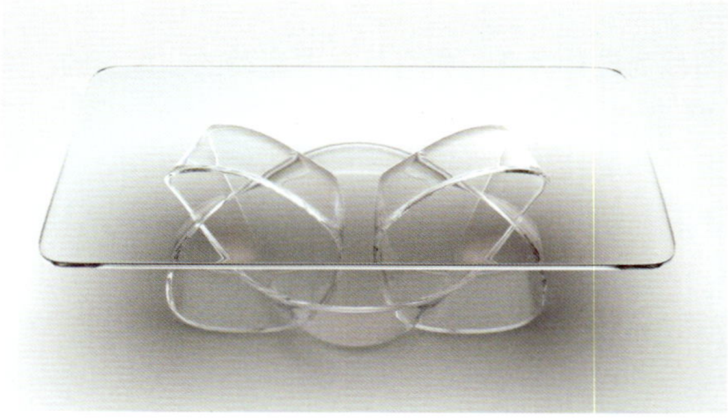

图 3-78 “流璃”有机系列家具 1（2021 级 赵子旋）

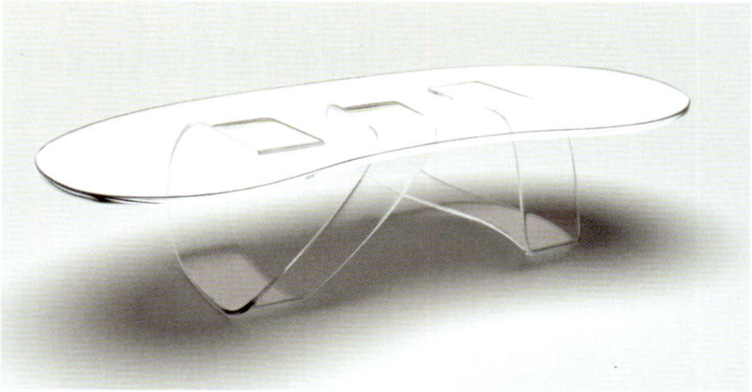

图 3-79 “流璃”有机系列家具 2（2021 级 赵子旋）

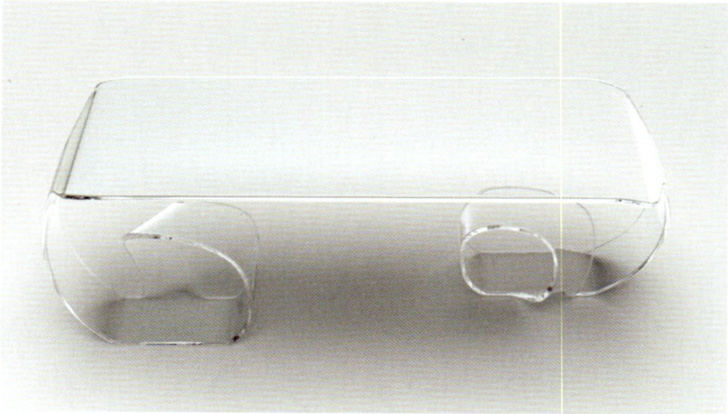

图 3-80 “流璃”有机系列家具 4（2021 级 赵子旋）

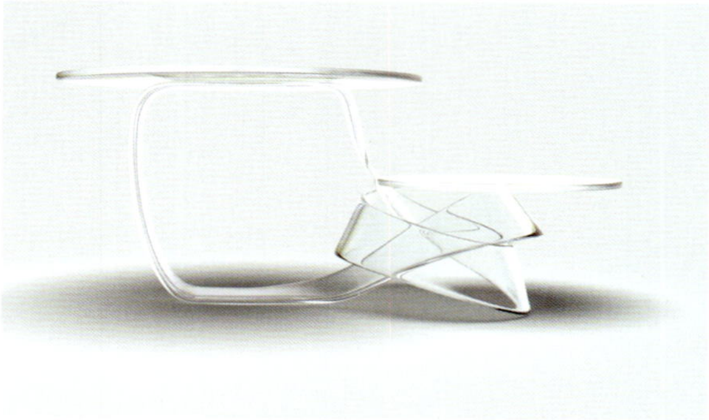

图 3-81 “流璃”有机系列家具 4（2021 级 赵子旋）

图 3-82 “流璃”有机系列家具 8（2021 级 赵子旋）

图 3-83 “流璃”有机系列家具 6（2021 级 赵子旋）

图 3-84 “流璃”有机系列家具 5（2021 级 赵子旋）

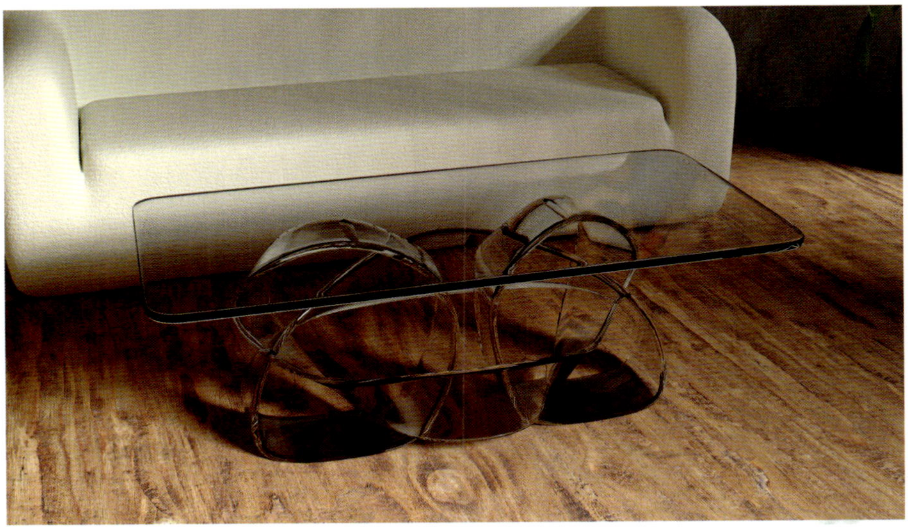

图 3-85 “流璃”有机系列家具 7（2021 级 赵子旋）

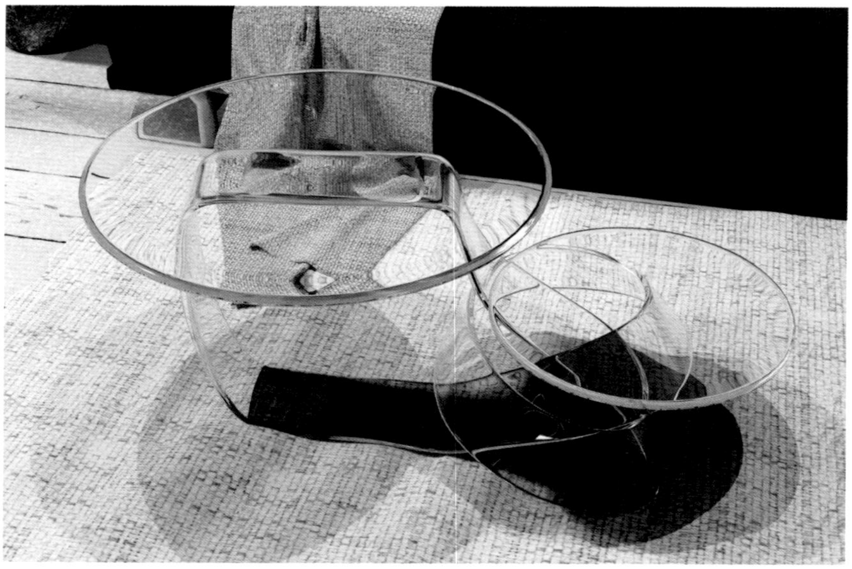

图 3-86 “流璃”有机系列家具 9（2021 级 赵子旋）

图 3-87 “流璃”有机系列家具 10（2021 级 赵子旋）

图 3-88 “流璃”有机系列家具 11（2021 级 赵子旋）

3.5 项目评价与总结

项目最终的评分由任课教师评分、企业设计师或其他专业教师评分、学生互评分数三部分构成，分数占比分别为 50%、30%、20%。评价体系和评价标准仅作为参考。（表 3–1 至表 3–3）

表 3–1 《产品创意设计》课程项目教师（企业设计师）评价表

评价主要参考标准：1. 产品创新性；2. 设计视觉表达；3. 产品的结构、材料工艺等生产要素；4. 设计过程；5. 演讲效果。				
序号	作品名称	设计师	分数	备注

表 3-2 《产品创意设计》课程项目学生互评表

评价主要参考标准：1. 产品创新性；2. 设计视觉表达；3. 产品的结构、材料工艺等生产要素；4. 演讲效果。				
序号	作品名称	设计师	分数	备注

表 3-3 学生自我分析与总结表

收获与总结：	存在的主要问题：
改进提高计划：	

参考文献

1. 程能林，何人可 . 工业设计概论 [M]. 北京：机械工业出版社，2018.
2. 何人可，柳冠中 . 工业设计史 [M]. 北京：高等教育出版社，2019.
3. 李珠志，卢飞跃，甘庆军 . 玩具造型设计 [M]. 北京：化学工业出版社，2007.
4. 刘传凯，张英惠 . 产品创意设计 [M]. 北京：中国青年出版社，2005.
5. 艾森，斯特尔 . Sketching 产品设计手绘技法 [M]. 北京：中国青年出版社，2010.
6. 缪元吉，张子然 . 产品结构设计：解构活动型产品 [M]. 北京：中国轻工业出版社，2017.
7. 桂元龙，杨淳 . 产品设计 [M]. 北京：中国轻工业出版社，2020.
8. 凯文・N. 奥托，克里斯汀・L. 伍德 . 产品设计 [M]. 北京：电子工业出版社，2017.
9. 丁玉兰 . 人机工程学 [M]. 北京：北京理工大学出版社，2017.
10. 缪元吉，张子然 . 产品结构设计：解构活动型产品 [M]. 北京：中国轻工业出版社，2017.
11. 杜鹤民 . 产品形态语意设计 [M]. 北京：北京大学出版社，2020.
12. 杨旸，白薇 . 产品设计调研与规划 [M]. 北京：清华大学出版社，2020.
13. 洛可可创新设计学院 . 产品设计思维 [M]. 北京：电子工业出版社，2016.
14. 伏波，易显钦，郭嘉琳 . 数字创意建模 [M]. 南京：江苏凤凰教育出版社，2021.

后　记

作为一名工业设计师，需要综合掌握从设计流程到设计展示等各个环节的技能和知识。设计不仅仅是一个创新的过程，更是一个系统工程，需要精细地把握每一个环节，以确保最终的产品既美观又实用。我们在学习过程中，不断地学习优秀作品、进行设计实践、循环往复地总结提升是非常重要的。这不仅能够培养设计师的审美能力和设计技巧，还能够使其在设计过程中不断积累经验，形成自己的设计风格。随着科技的不断进步和市场的不断变化，设计师需要不断更新自己的知识和技能，以适应新的设计需求和市场趋势。

此外，感谢在编写过程中给予帮助和支持的家人、同事、同行、企业、出版社及学校，他们的支持和鼓励是我不断前进的动力。希望本书能够作为工业设计师入门的一个引子，激发更多人的学习兴趣和热情，共同推动工业设计领域的发展。最后，关于书中可能存在的不足之处，欢迎各位专家不吝指正。

韩尧

2024 年 3 月 23 日